Delfiinin hymy

kätkee kärsimystä

Kai Aulio

Delfiinin hymy kätkee kärsimystä

Delfinaariokiellot yleistyvät – paitsi Kiinassa

FSC
www.fsc.org
MIX
Paperi vastuul -
lisista lähteistä
Paper from
responsible sources
FSC® C105338

Kustantaja: BoD – Books on Demand, Helsinki, Suomi
Valmistaja: BoD – Books on Demand, Norderstedt, Saksa

ISBN: 978-952-80-6080-2

SISÄLLYSLUETTELO

Esipuhe

Delfiinit ovat sympaattisia ja älykkäitä, valaseläinten lahkoon kuuluvia merinisäkkäitä, jotka ovat suosittuja luontopainotteisen matkailun kohteita niin merellä kaukaa havainnoitaessa, eläinten kanssa uimisessa kuin vangittuina akvaarioihin ja delfinaarioihin. Maailmassa on noin 40 delfiinilajia, joiden hyvinvointia ja tulevaisuutta varjostavat laiton pyynti, joutuminen kaupallisen kalastuksen "sivusaaliiksi", merien saastuminen, öljyonnettomuudet ja yhä varmemmin myös ilmastonmuutoksen aiheuttama merien lämpeneminen ja happamoituminen.

Delfiinien suosio on paradoksaalisesti saattanut varsinkin yleisen, maailman kaikilla merillä tavattavat pullokuonodelfiinin (*Tursiops truncatus*) vaikeuksiin, sillä on delfinaarioiden yleisin nähtävyys ja sirkustemppujen tekijä. Sadat tuhannet maksavat asiakkaat nauttivat delfiinien esityksistä, mutta valitettavasti esiintyjät eivät nauti ahtaissa, luonnottomissa altaissa elämisestä ja meluisan ympäristön aiheuttamasta stressistä.

Yleisön lisääntyvä tietoisuus eläinten hyvinvoinnin tärkeydestä, julkinen painostus sekä aktiivimatkailijoiden kielteiset kokemukset ja negatiivisten esimerkkien "revittely" sosiaalisen median palstoilla ovat johtanet poliittisiin, oikeudellisiin ja viranomaispäätöksiin delfiinien aseman parantamiseksi. Monissa maissa onkin viimeisten parinkymmenen vuoden aikaan suljettu delfinaarioita ja muutettu merinisäkkäiden esityksiä.

Vankeudessa eläviä ja luonnottomiin esityksiin koulutettuja (pakotettuja) merinisäkkäitä on paljon eri puolilla maailmaa – ja varsinkin Aasiassa toiminta laajenee matkailuinnostuksen ja kansalaisten varallisuuden nousun myötä. Eri puolilla maailmaa toiminnassa olevia delfinaarioita on Wikipedia-artikkelin mukaan lähes 250, yhteensä 56 eri maassa. Vankeudessa pidettyjen delfiinien kokonaismäärä nousee yli kolmeentuhanteen yksilöön.

Laitosten ja vangittuina olevien eläinten määristä on monenlaista tietoa, eikä tarkkoja päiväkohtaisia lukemia tiedä kukaan. Delfinaariolistauksista saattaa puuttua laitoksia ja akvaarioita, joissa on eläinsystematiikan mukaan delfiineihin kuuluvia miekkavalaita, joita nimensä mukaan ei aina mielletä delfiineiksi.

Julkinen keskustelu delfinaarioista keskittyy valitettavan usein eläinten kärsimyksiin tai huonoon kohteluun. Laillisesti toimivissa ja määräysten mukaan toimivissa laitoksissa delfiineistä huolehtivat koulutetut eläintenhoitajat ja eläinlääkärit, joten eläimillä pitäisi olla turvalliset ja hyvät olosuhteet – suojassa pedoilta, ja ruokakin tarjotaan suoraan suuhun säännöllisesti. Laitoksiin vangitseminen riistää näiltä merinisäkkäiltä mahdollisuuden vapaasti elävälle delfiinille luonteenomaiseen käyttäytymiseen. Ja hyvin usein tavanomaista lyhyemmäksi jäävä elinikä osoittaa, etteivät vankeusolot ole delfiineille soveliaita.

Delfinaariokysymys on ajankohtainen meilläkin, vaikka suomalainen alan toimija joutuikin lopettaman toimintansa jo vuosia sitten. Eikä *Särkänniemen delfinaarion* lakkauttaminen vuonna 2016 suinkaan eläinten hyvinvoinnin puolustamisesta johtunut. Yleisön kiinnostuksen ja pääsymaksutulojen hiipuminen tekivät delfinaarion ylläpidon taloudellisesti mahdottomaksi.

Tätä nykyä Pohjoismaiden ainoaksi delfinaarioksi mainitaan Ruotsin *Kolmårdenin eläinpuisto*, johon on tuotu omien delfiinien vahvistukseksi Ranskasta ”eläköityneitä” delfiinejä. Kolmårdenin lisäksi delfinaarioita arvostelevat perustelut voitaisiin kohdistaa myös Tanskaan, joka on valtiona listattu delfiinivapaaksi EU-maaksi. Fyn saarella toimivassa *Fjord & Bælt* -teemapuistossa on delfiinejä muistuttavia merinisäkkäitä, pyöriäisiä, jotka ovat yleisön katseltavissa ja jotka tekevät delfinaarioista tuttuja temppuja vieraille esiintyessään.

Delfinaarioista vapaita Pohjoismaita, joita voidaan kyllä osoittaa syyttävällä sormella valaisiin suhtautumisessa, ovat Norja ja jopa Euroopan parhaaksi delfiinien tarkkailumatkojen kohteeksi mainittu Islanti. Molempien rannikoilla on paljon turistimatkan arvoisia meren eläviä, ja retkien järjestäjät ovat ammattitaitoisia. Valaisiin kuuluvat delfiinit nauttivat yhteiskuntien suojaa, mutta saman aikaan maat tunnetaan valitettavasti kansainvälistä valaanpyyntikieltoa lähes vuosittain rikkovina valtioina. Oman murheellisen lukunsa muodostaa Tanskalle kuuluvan erityisalueen, Färsaarten harjoittama, kerrallaan jopa yli tuhannen delfiinin lahtaaminen.

1

Johdanto

Delfiini ei ole omimmillaan altaissa

Delfiinit ovat valaiden lahkoon (Cetacea) kuuluvia, pääosin merissä eläviä nisäkkäitä. Delfiinien heimoon kuuluu noin 40 lajia, jotka ovat kaikki lihansyöjiä. Valaisiin kuuluvat myös delfiinien lähisukuiset pyöriäiset, jotka muodostavat eläin-systematiikassa oman heimonsa. Rakenteeltaan ja ulkonäöltään toisiaan muistuttavat delfiinilajit ovat kooltaan vaihtelevia – 150 sentin pituisista ja 50-kiloisista aina 10-metrisiin ja 7000-kiloisiin. Suurin delfiini on miekkavalas (*Orcinus orca*), jota ainoana delfiininä tavataan myös pohjoisilla, arktisilla merillä. Kaksi delfiinilajia on sopeutunut elämään vain suolattomissa vesissä, mutta myös monet merien lajit nousevat ajoittain jokivesiin.

Tunnetuin delfiinilaji on pullokuonodelfiini (*Tursiops truncatus*), joka tunnetaan myös aikaisemmalta nimeltään pullo-nokkadelfiini. Lajia tavataan kautta maailman kaikilla lauhkeilla ja trooppisilla merillä – sekä lähellä rannikkoja elämään sopeutuneina että valtamerten ulappa-alueilla viihtyvinä populaatioina.[1]

Aktiivisesti uivat pullokuonodelfiinit voivat matkata vuorokauden aikana kymmeniä kilometrejä, ja nopeaan uintiin voi kuulua metrien korkuisia hyppyjä ja akrobaattisen näköisiä voltteja. Delfinaario-ohjelmistojen vakionumeroihin kuuluvat pyrstön varassa seisomiset kuuluvat nekin delfiinien luonnossa harrastamiin liikkeisiin, joiden merkitystä ei tunneta.

Tärkeää on huomata ja tunnustaa, että monipuoliset hypyt, liikkeet ja "temput" kuuluvat merissäkin delfiinien arkeen – ilman ihmisen tarjoamaa opetusta, ruokapalkkaa ja ehdottomasti ilman ulkopuolista pakottamista, joten näiltä osin delfinaarioiden näyttävimpiäkään temppuja ei pidä tuomita eläinrääkkäyksenä tai hyväksikäyttönä. Mutta näytösten ajoitus sekä yleisön, taustamusiikin ja selostusten pauhu ja melu ovat kaukana luonnonmukaisuudesta, ja delfinaarioissa yleinen tapa pitää eläimiä ilman ruokaa ennen esitystä temppuiluun kannustamiseksi mahtuvat hyväksikäytön määritelmiin.

Luonnostaankin vaihtelevia uintitekniikoita käyttävät pullokuonodelfiinit ovat helposti koulutettavissa delfinaarioiden vaikeisiinkin sirkustemppuihin. Samalla delfiinien nopean ja pitkien matkojen uintikäyttäytymisen – mihin kuuluvat jopa 70 metrin syvyyteen ulottuvat sukellukset – osoittavat vastaan sanomattomasti, että näiden älykkäiden nisäkkäiden vangitseminen pieniin ja mataliin sementtialtaisiin ja sisätiloihin on kaikilta osiltaan luonnotonta ja eläimille sopimatonta.

Vankeudessa elämisen stressaavuus näkyy delfiinien käyttäytymisessä kuten verkkaisena ja stereotyyppisenä kehää kiertävänä uimisena ja altaiden tai häkkien pureskeluna, ja valitettavan usein aggressiivisuutena muita delfiinejä ja joskus eläimiä hoitavia ihmisiäkin kohtaan.

Haitallisuutta osoittavat konkreettisesti nisäkkäiden itsensä omalla käyttäytymisellään aiheuttamat vammat kuten altaiden tai häkkien reunojen pureskelusta seuranneet hammas- ja leukaluiden vauriot. Vankeudessa elävillä miekkavalailla havaitaan pitkäaikaisessa vankeudessa elämisestä ja lajityypillisten sukellusten puuttumisesta aiheutuva suurikokoisen selkäevän surkastuminen.

Julkisuus delfinaarioissa tapahtuneista onnettomuuksista, eläinten huonosta kohtelusta ja delfiinien lyhytikäisyydestä vankeusoloissa ovat vähentäneet näytösten houkuttelevuutta ja siten laitosten omistajien tuloja, ja pääosin taloudellisten takaiskujen takia monet maailman delfinaarioista ovatkin joutuneet lopettamaan toimintansa. Eläimille stressiä tai vammoja aiheuttavien esitysten kieltoja on langetettu myös delfiinien itsensä suojelemiseksi.

Delfiinien vangitsemisen ja hallussapidon kieltojen sitovuudet ja sanamuodot vaihtelevat eri maissa ja hallintoalueilla. Delfiinien hyvinvointia turvaamaan ei välttämättä tarvita sitovia lakeja, joiden säätämisessä on vaikeita poliittisia ja taloudellisia kytköksiä. Samaan lopputulokseen – eli delfiinien hyväksikäytön estämiseen – päästään asettamalla merinisäkkäiden hallussapidolle niin tiukat määräykset, ettei sellaisia voi käytännössä saavuttaa. Tällainen ”delfinaariokielto” on voimassa muun muassa Norjassa.

Delfiinit tunnetaan sosiaalisina, suurina ryhminä elävinä merinisäkkäinä, joille on tyypillistä aktiivinen liikkuvuus. Kalan- ja äyriäistenpyynnissä delfiinit voivat uida vuorokauden aikana jopa 150 kilometriä. Delfiinit ovat osoittautuneet myös yhdeksi eläinkunnan älykkäimmistä ryhmistä, ja yksilöt kommunikoivat aktiivisesti usein yksilöllisten äänisignaalien avulla. Valvotuissa testioloissa delfiinien on osoitettu pystyvän tunnistamaan oman yksilöllisyytensä, mikä on eläinkunnassa varsin poikkeuksellista.[2],[3]

"Tule pian katsomaan, sillä vangittu valas ei elä kauan"

Suuri liikkuvuus, sosiaalisuus, kehittyneeseen kaikuluotaukseen perustuva kommunikointi ja elävän ravinnon saalistus ovat mahdollisia vain vapaille, merissä uiville delfiineille, joiden vangitseminen delfinaarioiden altaisiin on suurille merinisäkkäille täysin luonnoton olotila. Merinisäkkäiden biologiaa ja hyvinvoinnin edellytyksiä ei tunnettu aikana, jolloin ensimmäiset valaseläimet valjastettiin viihdekäyttöön.

Historiallisten dokumenttien mukaan ilmeisesti jo antiikin ajalla vangittiin valaita tuotaviksi ihmisten ihmetyksen aiheiksi. Määrätietoinen ja kaupallinen valaiden vangitseminen alkoi Yhdysvalloissa 1800-luvulla. Ensimmäisiä näyttelykohteita olivat maitovalaat (*Delhinapterus leucas*), joita laajaa sirkustoimintaa pyörittänyt B.T. Barnun toi Labradorin rannikolta New Yorkiin.

Eksoottisten valaiden esityksiä Barnumin omistamassa *American Museum* -kohteessa mainostettiin varsin mielenkiintoisella – ja nykyajan käsitysten mukaan varmasti kiistanalaisella perusteella: Vankeudessa pidettävät valaat eivät elä kauan. New York Times -sanomalehdessä sirkusmoguli mainosti eläinvetonaulojaan julistamalla: ”*Nyt on korkea aika nähdä nämä ihmeet, sillä niiden elämä on epävarmaa*”

Ensimmäinen monen eläimen yleisöesittelyjä varten rakennettu delfinaario, *Marine Studios*, avattiin Yhdysvalloissa, Floridan St. Augustinessa vuonna 1938. Täällä myös huomattiin, että älykkäiksi ja sosiaalisiksi osoittautuneille delfiineille voidaan opettaa (ruokapalkkaa vastaan) monipuolisia ja yleisöön vetoavia sirkusmaisia temppuja.

Massaturismin laajennuttua meriaiheisia teemapuistoja ja delfinaarioita alettiin perustaa eri puolille maailmaa varsinkin 1960- ja 1970-luvuilla. Varsin nopeasti altaisiin vangitut delfiinit ja valaat herättivät ihastuksen ohella myös vihastusta, ja kampanjat merinisäkkäiden vapauttamiseksi ja sirkustemppuihin valjastamiseksi nousivat kansainvälisiksi uutisaiheiksi.[4]

Delfiinien ominaisuuksista, tavoista ja nykyisistä uhkatekijöistä on saatavilla ajankohtaista, perusteelliseen tieteelliseen tietoon perustuvaa kirjallisuutta kuten Riku Cajanderin teos *Valaat* (Minerva, 2021).[5]

Ihmisen kohtaaminen muuttaa delfiinin käyttäytymistä

Sekä vankeudessa pidettävien että luonnonoloissa tarkkailumatkojen kohteina olevien suurten merinisäkkäiden käyttäytyminen muuttuu, ja yleisesti voidaan sanoa myös eläinten hyvinvoinnin kärsivän ihmiskontakteista. Näin siitäkin huolimatta, että eläinturismin markkinoinnissa ja merinisäkkäitä kuvattaessa yleisö saa päinvastaisen kuvan. Lukuisissa eläinsuojelutahojen yhteenvedoissa onkin korostettu, ettei esimerkiksi delfiinien ulkoisesta olemuksesta saa tehdä suoria johtopäätöksiä: Ihmiseen tai kameran linssiin katsova delfiini näyttää aina hymyilevän, mutta tämä ilme on pettävä. ”Hymy” on delfiinin kuonon rakennepiirre, ja ihmiskatsojan tulkitsema hymy kätkee usein kärsimystä ja ahdistusta.

Eläimet ovat turismin, ennen kaikkea viime vuosina yleistyneen ekoturismin suurimpia vetonauloja, eikä luontomatkailussa sinällään ole mitään pahaa sanottavaa. Mutta monissa nykyisisä matkanjärjestäjien ja yksittäisten turistien käytännöissä on paljonkin parannettavaa. Tietoa oikein suunnitellusta ja toteutetusta eläinturismista on kyllä saatavilla. Esimerkiksi Daniel Turnerin johtama *Animondial* julkaisee kattavia selvityksiä luontomatkailun eri osa-alueilta, ja organisaation julkaisuissa on myös päteviä, asiantuntijaselvityksiin perustuvia käytännön ohjeita niin allasolosuhteissa kuin merellä tapahtuvissa delfiinien, valaiden ja tai pyöriäisten kohtaamisiin.

Julkisuudessa usein näyttävästi ja räikeimpiä epäkohtia alleviivaten esitetyt vaatimukset vangittuina pidettävien merinisäkkäiden vapauttamisesta ovat eläinten oikeuksia ajatelleen oikeita – mutta eivät suinkaan ongelmattomia.

Delfinaarioista tai teemapuistojen altaista ei voida vapauttaa vankeudessa syntyneitä tai kauan ihmisen hoivissa eläneitä eläimiä suoraan luontoon. Toistaiseksi missään päin maailmaa ei ole tarjolla riittävästi oikein mitoitettuja ja hoidettuja suojelualueita suurelle määrälle turvapaikkaa tarvitsevia delfiinejä tai valaita.[6]

Merinisäkkäiden kohtaamisille on laadittu ohjeita ja paikoin jopa lakisääteisiä tai viranomaismääräyksiä. Sääntöjen tuntemus ja noudattaminen ovat kuitenkin valitettavan usein paljon heikommissa kantimissa kuin periaatteelliset ohjeet ja vaatimukset. Delfinaarioissa on yleistä, että maksava yleisö pääsee koskettelemaan, rukkimaan ja uimaan altaissa olevien eläinten kanssa, vaikka tällaiset kohtaamiset eivät kuulu laitosten virallisen tai sallittuun ohjelmaan.

Myös luonnossa, jossa merinisäkkäät voivat ainakin osittain itse valita kohtaamisen luonteen, kanssakäyminen on usein sääntöjen ja suositusten vastaista. Esimerkiksi Floridassa, Tampa Bayn vilkkaan turistikohteen vesillä paikallisen Eckerd College -yliopiston tutkijoiden kymmenvuotisessa seurannassa neljä viidestä merellä delfiinejä tarkkailevasta venekunnasta rikkoi eläinten kohtaamiseen laadittuja ohjeita, minkä seurauksena joka viidennelle lahdella ihmisiä kohdanneista delfiineistä aiheutui haittaa.[7]

2

Vaikeasti arvioitava hyvinvointi

Kielteiset ja myönteiset mittarit

Tiedot valaseläinten hyvinvoinnin edellytyksistä ovat viime vuosina lisääntyneet, ja eläintarhojen, akvaarioiden ja delfinaarioiden omistajat ja ylläpitäjät ovat tehostaneet eläinten valvontaa ja konkreettisia terveystarkastuksia. Hyvinvointi-termiä käytetään eläinten tilan ja olosuhteiden kuvaamisessa usein epäjohdonmukaisesti. Sanaa hyvinvointi yhteyksissä (engl. *wellfare*) tulisi käyttää vain kuvailtaessa eläimen positiivista tilaa, esittävät eläintieteen ja eläinpsykologian tutkimuksen asiantuntijat, tohtorit Kathleen Dudzinski ja Toni Frohoff *Dolphin Mysteries* -kirjassaan (2008). Hyvinvoinnin vastakohta eli pahoinvointi on negatiivinen tila, jota ei pitäisi lainkaan sisällyttää hyvinvointikeskusteluun. Pahoinvointia kuvaillessaan tutkijat käyttävät voimakkaasti negatiivista sanaa kärsimys (engl. *suffering*).

Delfiinien ja ihmisten kohtaamisten vaikutuksia arvioitaessa on tutkittu lähes yksinomaan merinisäkkään lyhytaikaisia reaktioita, joissa stressitilan oireet tunnetaan parhaiten. Sen sijaan tällaisten kohtaamisten pitempiaikaiset vaikutukset delfiineihin, kuten eläinten levontarpeen tyydyttyminen, ravinnonhankinnan häiriytyminen tai ryhmän jäsenten välisten sosiaalisten suhteiden muutokset ovat todennäköisiä mutta vain vähän seurattuja.[8]

Valtaosa delfiinien ja muiden vankeudessa pidettävien merinisäkkäiden kunnon ja hyvinvoinnin arvioinneista on kohdistunut ongelmiin.

Kansainvälisen luonnonsuojeluliiton (IUCN) suojeluyksikön tutkijan Sabrina Brandon johdolla julkaistussa katsauksessa arvioidaan tarhaeläinten hyvinvoinnin mittareita. Aggressiivinen ja epätyypillinen käyttäytyminen tai suoraan verestä tai epäsuorasti ulosteista mitattu kortisolin eli stressihormonin mittaaminen paljastavat tilanteita, joissa eläin ei voi hyvin.

Sen sijaan positiivisia hyvinvoinnin indikaattoreita on vain vähän. Tällaisia eläimen hyvinvointia suoraan kuvaavia seurantoja olisi lisättävä, jotta eläinten elinoloja kuten delfiinien allaskokoja ja ruokintavaihtoehtoja voidaan kehittää kaikkialla, missä merinisäkkäitä hyväksyttävillä ja eläinten hyvinvointia tai eläinsuojelua edistävillä syillä pidetään ihmisen hoivissa.[9]

Delfinaarioissa pidettävien eläinten hyvinvointia kuvaavia positiivisia mittareita on käytössä niukasti, ja siksi vankeudessa pidettävien nisäkkäiden oloja arvioidaan yleensä ainoastaan etsimällä kielteisiä reaktioita tai muutoksia. Mutta delfiinin hyvinvointia ei voi päätellä yksinomaan siitä, ettei eläin osoita mitään negatiivisiksi tiedettäviä piirteitä. Hyvinvoinnin varmistaminen edellyttää myös varmistettua tietoa siitä, että eläimen asiat todella ovat kunnossa.

Monivuotisessa eläintarhojen ja akvaarioiden eläimiä seuranneessa tutkimushankkeessaan yhdysvaltaistutkijat ovat etsineet – ja löytäneet – positiivisia merkkejä delfiinien hyvinvoinnista. Tarkoissa seurannoissa usein käytettävät kortisolin (stressihormonin) mittaukset ovat työläitä, eivätkä siten sovellu jokapäiväiseen jatkuvaan käyttöön. Tietoa delfiinien hyvinvoinnista saadaan myös silmämääräisesti tarkkailemalla eläinten käyttäytymisen monimuotoisuutta ja vaihtelua.

Yksipuolinen, stereotyyppinen ympyräuiskentelu osoittaa melkoisella varmuudella eläimen kärsivän stressistä. Mitä monipuolisemmin delfiini käyttäytyy, sitä paremmaksi eläimen hyvinvointia voidaan kuvata. Chicagon Eläintieteellisen yhdistyksen tutkijan Lance Millerin johdolla julkaistussa tutkimuksessa asiantuntijat, millaisista eleistä ja käytöstavoista voidaan päätellä delfiinin ja eläimen olosuhteiden olevan kunnossa.[10]

Delfinaarioiden ja muiden ihmisen hoivissa olevien delfiinien hyvinvointia uhkaava stressi mainitaan lähes kaikissa laitoksissa olevien merinisäkkäiden kuvauksissa. Stressin näkyvimpänä muotona maallikkokin voi havaita eläinten uintikäyttäytymisen yksipuolistumisen. Altaissa delfiinien uintitavat ja -matkat eivät ole kuitenkaan yksinoman altaan koosta tai laadusta riippuvaisia. Monivuotisessa ja moniteellisessä pullokuonodelfiinien hyvinvointia selvittävissä tutkimuksissa on todettu eläinten hoidon, kohtelun ja koulutuksen laadulla olevan usein enemmän merkitystä stressin ilmaantumisen tai voimakkuuteen kuin delfiinin fyysisellä elinympäristöllä.

Poikkeuksellisen laajassa ja kansainvälisesti arvostettujen alan tutkijoiden hankkeessa verrattiin yleisen pullokuonodelfiinien (*Tursiops truncatus*) ja itäisen pullokuonodelfiinilajin (*Tursiops aduncus*; engl. Indo-Pacific bottlenose dolphin) hyvinvointiin liittyviä energiankulutusta ja aikayksikköä kohti laskettua uintimatkoja 31 kohteessa kaikkiaan 60 delfiiniä suoraan silmämääräisesti ja mittalaitteilla tarkkailemalla.

Monta eri osaa käsittävässä *Valaseläinten hyvinvointitutkimus* (*Cetacean Welfare Study*) -hankkeessa "pyritään ymmärtämään eläintarhoissa ja akvaarioissa elävien valaseläinten hyvinvointia". Tutkimuskokonaisuudessa selvitetään ihmisen hoivissa olevien delfiinien hyvinvointiin vaikuttavia tekijöitä, mutta näissä tuloksissa ei ole vertailuna luonnossa vapaasti elävien delfiinien vastaavia arvoja.[11]

Se, että vangittuina elävien delfiinien stressitaso nousee – ja hyvinvointi heikkenee – laitoksissa, on todettu fysiologisin, etenkin stressihormoni kortisolin mittauksin jo kauan sitten. Meksikolaisen, Universidad Nacional Autónoma de México -yliopiston tutkijan Christian Ugazin johdolla julkaistussa tutkimuksessa verrattiin 152 tunnin ajan avoimessa (kaksi laitosta) tai suljetussa altaassa (kaksi laitosta) elävien pullokuonodelfiinien uintikäyttäytymistä. Lisäksi mitattiin kortisoliarvoja avoimissa altaissa (96 yksilöä) ja suljetuissa altaissa (180 yksilöä) pidetyiltä delfiineiltä.

Suljetuissa altaissa pidetyt delfiinit uivat enemmän stressin osoittajaksi kuvattua yhdensuuntaista ympyrälinjaa kiertäen, ja myös stressihormonin tasot olivat tilastollisesti merkitsevästi korkeammat suljetussa kuin avoimessa ympäristössä uineilla delfiineillä.[12]

Parhaassakin mittarissa paljon epävarmuutta

Delfiinien hyvinvoinnin/pahoinvoinnin arvioinnissa käytettävää stressihormoni kortisolin mittausta pidetään luotettavana eläimen tilan kuvaajana, mutta biokemiallisissa analyyseissä on monia hankaluuksia. Yksi tärkeimmistä epävarmuutta aiheuttavista tekijöistä on hormonitasojen vaihtelu eläinyksilöiden välillä ja samankin yksilön eri elämäntilanteissa. Vaihtelun laajuutta todisti ranskalainen, Alfortin Eläinlääketieteellisen korkeakoulun (Ėcole Nationale Vétérinaire d'Afort; EnvA) tutkijan Karl Merceran johdolla tehty laaja mittaussarja.

Pullokuonodelfiinien glukokortikoidihormonien (joista tärkein on kortisoli) tasoja mitattiin eläimiin kajoamatta, ulosteista kerätyistä näytteistä. Näytteenottomenetelmä on todettu luotettavaksi eläimen kortisolitasojen kuvaajaksi. Mittauksissa todettiin suurta vaihtelua delfiinien sukupuolten välillä, naaraiden raskauden aikana ja molemmilla sukupuolilla vuodenaikojen välillä.

Seurannan selvästi korkeimmat stressihormonitasot mitattiin raskaana olevilta naarailta. Toisaalta koiraiden hormonitaso oli korkeampi kuin ei-kantavilla naarailla. Vuodenaikavaihtelua havaittiin vain urosdelfiineillä, joilla stressihormonin taso oli selvästi korkeampi keväällä kuin syksyllä. Ihmisen hoivissa delfinaarioissa ja akvaarioissa olevien delfiinien lisääntymistä säädellään yleisesti hormonaalisilla ehkäisylääkkeillä, joiden vaikutuksesta luontainen hormoniaineenvaihdunta – myös kortisolin eritys – muuttuu.

Havaittujen, monista syistä ja moniin suuntiin vaihtelevien pitoisuuksien takia yksittäiset kortisolimääritykset eivät välttämättä anna luotettavaa kuvaa ihmisen hoivissa olevan delfiinin hyvinvoinnista tai stressistä, ranskalaistutkijat päättelevät.[13]

3

Vankeudessa elävät delfiinit

Satoja laitoksia, tuhansia delfiinejä

Delfinaarioiden suosio matkailukohteina on vähentynyt erityisesti Euroopassa, mutta monia laitoksia on suljettu tai merinisäkkäiden esityksiä ja mahdollisuuksia delfiinien kanssa uimiseen on rajoitettu myös Yhdysvalloissa, Kanadassa, monissa Etelä-Amerikan maissa, sekä Aasiassa (ainakin Intiassa, Armeniassa ja Israelissa) sekä Australiassa, Oseaniassa ja Uudessa-Seelannissa. Muista markkina-alueista poiketen maailman väkirikkain ja nopeasti taloudellisesti vaurastuva ja samalla turismia kehittävä Kiina on noussut delfinaariotoiminnan kärkimaaksi, jossa on jo toiminnassa tai parhaillaan rakenteilla varmasti yli puolensataa delfinaariota.

Tätä nykyä Kiinassa käynnistetään uuden delfinaarion rakennustyöt keskimäärin kerran kuukaudessa. Jotta laitoksiin saataisiin riittävästi esiintyjiä, Kiinaan on perustettu erityinen miekkavalaiden lisääntymiseen keskittyvä keskus tuottamaan esiintyjiä uusille delfinaarioille ja korvaamaan usein epätavallisen nuorina kuolleita vangittuja merinisäkkäitä.[14]

Usean valtion lainsäädännössä on kielletty merestä vangittujen delfiinien maahantuonti, joten eurooppalaisista tai muualta lakkautettujen delfinaarioiden kauan vangittuina olleet eläimet eivät ole päätyneet ansaituille eläkepäiville suojelualueille vaan tekemään entisen kaltaisia sirkustemppuja uusiin kiinalaisiin delfinaarioihin.

Eri puolilla maailmaa on eläinsuojelun ja kuluttajien eettisten valintojen kehittymisestä huolimatta edelleen vankeudessa suuri määrä valaita, delfiinejä ja pyöriäisiä. Vangittuina on arviolta 2000–3000 suurta merinisäkästä – ja useimmissa tapauksissa olosuhteissa, joissa eläimiä pidetään luonnottomissa, ahtaissa altaissa.

Vangittuina olevien merinisäkkäiden olosuhteet aiheuttavat eläimille stressiä ja valitettavan usein myös fyysisiä vammoja, joten eläinten keskimääräinen elinikä on ihmisen ”hoivissa” lähes poikkeuksetta lyhyempi kuin luonnossa elävillä lajitovereillaan. Delfinaarioissa tai luonnossa elävien delfiinien elinolosuhteiden, eliniän, hyvinvoinnin, käyttäytymisen, ravinnonhankinnan ja lisääntymisbiologian eroja on kirjallisuudessa lueteltu ja analysoitu useissa julkaisuissa. *Animal Welfare Institut* -organisaation vuoden 2021 katsauksessa vertaillaan tiivistetysti 10 eri piirrettä, joissa vapaana elävän ja vangitun merinisäkkään elämät poikkeavat toisistaan.[15]

Arvion mukaan 1950-luvun jälkeen on maailman akvaarioissa, merieläinpuistoissa ja delfinaarioissa kuollut ennenaikaisesti noin 5000 merinisäkästä.

Toiminnassa tai rakenteilla olevien delfinaarioiden ja laitoksissa vangittuina olevien merinisäkkäiden kokonaismäärästä on vaikea saada luotettavaa tietoa, sillä yrittäjät tai valtiot eivät julkaise lukuja säännöllisesti. Yleisesti käytössä olevassa kirjallisuudessa ja internetsivustoillakin on osin vanhentunutta ja virheellistäkin tietoa.

Maanosa	Valtioita	Delfinaarioita
Aasia	16	107
Afrikka	3	5
Eurooppa	17	46
USA, Kanada, Meksiko	3	56
Etelä- ja Väli-Amerikka & Karibia	17	34
Yhteensä	56	246

Lähde: Wikipedia – List of Dolphinariums[16]

Monissa paljon käytettävissä lähteissä – kuten Wikipediassa ja vangittuina olevien merinisäkkäiden sijaintikartoissa – mainitaan esimerkiksi Kiina valtiona, joka on kieltänyt delfinaariot. Samoissa lähteissä on kuitenkin lueteltu jopa viitisenkymmentä kiinalaista delfinaariota, joiden tarpeisiin muualta maailmasta toimitetaan "eläköityneitä" merinisäkkäitä. Ja kaiken kukkuraksi Kiinassa rakennetaan (koronapandemian kylläkin hidastettua hankkeita) uusia laitoksia jopa yhden delfinaarion kuukausivauhdilla.[17]

Uusimman katsauksen mukaan Kiinassa on yli 80 valaseläimiä vangittuina pitävää, yleisöesityksiä tarjoavaa laitosta, joissa on yhteensä ainakin tuhat merinisäkästä.[18]

Delfinaarioiden lukumäärä ja laitoksissa pidettävien eläinten määrät ja lajit vaihtelevat jatkuvasti, mutta toiminnan suuruusluokka kyllä tunnetaan. Vuoden 2020 maaliskuussa Europarlamentin käsitellessä delfinaarioiden asemaa ja tulevaisuutta EU-maissa oli toiminnassa 33 delfinaariota, ja niissä oli vangittuina yhteensä noin 285, kuuteen eri lajiin kuuluvaa merinisäkästä (delfiinejä, pyöriäisiä, valaita).

Eniten delfinaarioita Euroopassa on Espanjassa ja Venäjällä, joissa molemmissa on Wikipedia-tilaston mukaan 11 laitosta. EU-rajalla ja suomalaistenkin turistien suosiossa olevassa Turkissa delfinaarioita on kahdeksan. Pohjoismaissa delfiinejä on ainoastaan Ruotsin *Kolmårdenin eläinpuistossa,* mutta näihin rinnastettavia pienikokoisia valaseläimiä pyöriäisiä *(Phocoena phocoena*) on näytillä ja myös osana viihde-esityksiä Tanskan *Fjord & Bælt* -teemapuistossa ja tutkimuskeskuksessa. Fyn saarella Tanskan salmissa sijaitseva Fjord & Bælt toimii paitsi turistikohteena osana Syddansk Universitet -yliopiston merentutkimuslaitosta.

Euroopan unionin alueella delfinaarioita on 14 maassa: Alankomaat, Belgia, Bulgaria, Espanja, Italia, Kreikka, Liettua, Malta, Saksa, Portugali, Ranska, Romania, Ruotsi, Tanska.[19]

4

Delfiinit Suomen eläinsuojelulaissa

Laitosten pitäisi teoriassa toimia tiukasti säädellyin ehdoin ja käytännöin ja siten turvata eläinten hyvinvointi kaikissa olosuhteissa. Yhtä valtiota lukuun ottamatta kaikissa EU-maissa ovat voimassa eläintarhoja ja muita vastaavia laitoksia koskevat yhteiset ja sitovat normit. Ainoa poikkeus on Bulgaria, joka ei ole vahvistanut EU-direktiivin 1999/22 säädöksiä kansalliseen lainsäädäntöönsä. Lainsuojattomia delfiinit eivät ole Bulgariassakaan, sillä eläinten esityksiä säädellään sirkuksia ja yleisönäytöksiä koskevilla säädöksillä.

Tampereen Särkänniemen delfinaarion sulkemisen (vuonna 2015) jälkeen on ollut yleisesti vallalla käsitys, että delfiinien maahantuonti ja delfinaariot olisivat Suomessa kiellettyjä. Näin ei kuitenkaan ole. Merkittävän rajoituksen antaa kuitenkin Euroopan unionin lainsäädäntö, sillä kaikkien valaiden tuonti unionimaihin on kiellettyä vuonna 1996 säädetyn asetuksen nojalla.[20]

Tieteellisen tutkimuksen vaatimiin tarkoituksiin tai eläintarhoihin lajin olemassaolon kannalta välttämättömään suojeluun tai lisäämistarkoitukseen voi saada erillisluvan. Voimassa olevan lainsäädännön nojalla Suomeen voisi siis tuoda Euroopan unionin alueelta pyydettyjä (jos kansalliset lait eivät pyyntiä estäisi) tai delfinaarioissa tai muissa laitoksissa syntyneitä delfiinejä.

Uuden eläinsuojelulain tai eläinlain valmisteluvaiheessa on vahvasti painotettu tarvetta kieltää kaikki delfiinien ja muiden valaiden maahantuonti, jolloin minkäänlaisia eläinten esiintymiseen perustuvia laitoksia ei voisi perustaa. Tuontiluvan edellytyksenä olisi, että eläimen lähtömaan lainsäädäntö sallisi kyseiset toimenpiteet.

Suomen laki ei kiellä delfinaarioita

Kauan uudistamista odottaneessa Suomen eläinsuojelulaissa (247/1996) on lueteltu eläinlajit, joiden käyttö viihdetarkoituksiin sirkuksissa on kiellettyä. Delfiinejä ei mainita päätöksessä, mutta Särkänniemen delfiinien kohtalosta käyty julkinen keskustelu huomioitiin myös Eduskunnassa. Lokakuussa 1999 kansanedustajat Ulla Anttila, Janina Andersson ja Marjaana Koskinen esittivät kirjallisen kysymyksen delfiinien käytön kieltämisestä sirkuseläiminä.

Vastauksen kysymykseen antoi maa- ja metsätalousministeri Kalevi Hemilä, jonka mukaan voimassa oleva lainsäädäntö turvaa eläimiä ja asettaa kriteerit eläinten olosuhteille, hoidolle ja kohtelulle. Ministerin mukaan Särkänniemen delfinaarioon tehdyissä tarkastuksissa ei ollut ilmennyt mitään sellaista, mikä olisi edellyttänyt eläintarhaluvan peruuttamista.

Hemilän mukaan ministeriössä oli valmisteilla päätösluonnos, joka asettaisi vähimmäisvaatimukset eläintarhoissa pidettävien eläinten, mukaan lukien delfiinit, pidolle. Näin ollen ministeri ei katsonut tarpeelliseksi muuttaa eläinsuojelulainsäädäntöä.

Ministeri Hemilän sanoin ”uusien luonnosta pyydystettyjen delfiinien tuontiin Suomeen suhtaudutaan kuitenkin ainakin tässä vaiheessa kielteisesti”. Tämä viimeisen lause, joka ei siis ole minkään tahon päätös tai edes käsittelyssä ollut ehdotus, on julkisuudessa tulkittu ja monilla foorumeilla siteerattu Suomessa voimassa olevaksi delfiinien tuontikielloksi. *Tuontikieltoa ei ole Suomen lainsäädännössä!*[21]

Särkänniemen delfinaarion sulkeminen ja jäljellä olleiden delfiinien siirto Kreikkaan, Attikan eläinpistoon ajankohtaistivat vaatimukset merinisäkkäiden vangittuina pitämistä ja eläinten viihde-esityksiä vastaan. Viiden kansallisen eläinsuojeluyhdistyksen yhteisessä tiedotteessa tuomittiin Särkänniemen delfiinien siirto Euroopan huonoimmaksikin arvioituun laitokseen, jossa delfiinit alistetaan stressaaviin oloihin ja jatkuviin yleisönäytöksiin.[22]

Eläinten hyvinvointilain pitkä valmistelu

Syyskuussa 2012 asetettu eläinsuojelulain uudistusta valmisteleva, eri alojen asiantuntijoista koottu ohjaustyöryhmä esitti, että delfinaariot määritellään sirkuksiksi, ja että sirkusesityksissä hyväksyttyjen eläinten luettelo vahvistetaan laillä. Tällöin delfiinejä ei tarvitsisi erikseen kieltää, kun merinisäkkäitä ei olisi sirkuksissa sallittavien lajien listalla. Lain uudistushanke käynnistettiin jo vuonna 2012, mutta monet eturistiriidat muun muassa turkistarhauksen oikeutuksesta ovat viivästyttäneet työtä.

Lain yhtenä tarkoituksena on rajoittaa eläinten käyttöä viihteellisissä esityksissä. Eläinten oikeuksien nostaminen perustuslain tasolle on yksi eläinsuojelulakimme uudistuksen keskeisistä vaatimuksista. Kaikilla eläimillä tulisi olla oikeus elämään sekä oikeus lajityypilliseen käyttäytymiseen ja saada perustarpeensa tyydytetyiksi. Suurten merinisäkkäiden vangitseminen ahtaisiin altaisiin tai sisätiloihin loukkaa varmasti tätä perusedellytystä.

Maa- ja metsätalousministeriö antoi 4.11.2021 ehdotuksen lakiuudistuksesta, josta käynnistyi samalla kaikille avoin lausunnonantomahdollisuus. Lakiluonnos perusteluineen ja lakiin liittyvine muiden, muutosta tai kumoamista edellyttävien lakien ja asetusten teksteineen on 293-sivuinen paketti. Eläinsuojelulaki kumotaan, ja sen tilalle vahvistetaan *Laki eläinten hyvinvoinnista.* Lain on tarkoitus astua voimaan vuoden 2023 alussa.[23]

Uuden lain keskeinen tavoite on nimensä mukaisesti eläinten hyvinvoinnin parantaminen ja eläinsuojeluvalvonnan tehostaminen. Lain myötä pitäisi myös varmistaa Euroopan unionin lainsäädännön tehokas täytäntöönpano kansallisessa lainsäädännössämme. Uudessa laissa otetaan huomioon uusin tutkimustieto eläinten tarpeista ja hyvinvoinnin vaatimuksista.

Ehdotetun lain liitteen 1 kohdassa 1 luetellaan kaikki ne nisäkäs- ja lintulajit, joita saa pitää tuotantoeläiminä. Liitteen 1 kohdassa 2 puolestaan luetellaan ne eläinlajit, joita saa pitää sirkuksissa ja kiertävissä eläinnäyttelyissä. Voimassa olevassa lainsäädännössä sirkuksissa ja vastaavissa näytöksissä on kiellettyä pitää apinoita, petoeläimiä, luonnonvaraisia märehtijöitä, kavioeläimiä, pussieläimiä, hylje-eläimiä, mursuja, sarvikuonoja, virtahepoja petolintuja, strutsilintuja ja krokotiilieläimiä. Sallittua on kuitenkin käyttää esityksissä koiria, kotikissoja, merileijonia, poneja sekä kesyhevosia ja -aaseja.

Ehdotus laiksi eläinten hyvinvoinnista poistaisi rajoittaisi sirkuksissa ja näytöksissä hyväksyttävien eläinlajien kirjoa. Muun muassa merileijonia ei enää saisi käyttää sirkuksissa. Uudessa eläinten hyvinvointilaissa kiellettäisiin myös eläintarhoissa ja pysyvissä eläinnäyttelyissä pidettävien luonnonvaraisiin eläinlajeihin kuuluvien eläinten käyttö erilaisiin viihteellisiin esityksiin. Käytännössä laki estäisi myös delfiinien käytön esityksissä. Vastoin kymmenissä julkaisuissa esitettyä käsitystä delfiinien pitoa ei ole Suomessa kielletty nykylainsäädännön (vuoden 2021 marraskuun tilanteessa) mukaan.[24]

Lain uudistamiselle on todellinen tarve, jonka suomalaiset hyvin laajalti tunnistavat ja tunnustavat. Eläinsuojelujärjestö Animalian teettämässä ja Taloustutkimus Oy:n toteuttamassa kyselyssä 85 prosenttia vastaajista oli sitä mieltä, että eläinten tulee saada toteuttaa lajityypillisiä käyttäytymistarpeitaan. 74 prosenttia kyselyyn osallistuneista oli täysin tai osin samaa mieltä siitä, että eläimillä on oikeuksia, ja siksi eläinten itseisarvo tulisi kirjata lakiin. Animalia. 2021. [25]

Eläintarhoissa ja -puistoissa pidettäville luonnonvaraisille eläimille saa opettaa vain eläinten hoitoon liittyviä taitoja, mutta kaikenlainen sirkustemppujen tai vastaavien esittäminen kielletään.

5

Särkänniemen delfinaarion 30 vuotta

Tampereen Särkänniemeen perustetun delfinaarion asukkaat ja esiintyjät vangittiin tilaukseen perustuen Floridan vesiltä Meksikonlahdelta elokuussa 1984. Tilauksen mukaan amerikkalaiset asiantuntijat vangitsivat viisi pullokuonodelfiiniä, kolme naarasta ja kaksi urosta. Delfiinit olivat vangitsemishetkellä tilaajan vaatimuksen mukaisesti alle 6-vuotiaita.

Delfiinit olivat vangitsemisen jälkeen noin puoli vuotta Floridan eteläkärjen Florida Keysin saarilla sijaitsevassa eläinten koulutuskeskuksessa totuttelemassa ahtaissa altaissa ja ihmisen kanssa elämiseen. Elinehtona delfinaarioeläimiksi siirrettäville delfiineille oli oppia paitsi ottamaan vastaan ihmisen tarjoama ruoka myös tottua kosketukseen ja toistuviin komentoihin, joihin delfinaarioesitykset perustuvat.

Yleisölle tämä Suomen ainoa ja maailman pohjoisin delfinaario avattiin toukokuussa 1985. Toiminta jatkui noin 30 vuotta, lokakuuhun 2016. Tätä nykyä Pohjoismaissa toimii vain yksi varsinainen delfinaario, Keski-Ruotsissa, Norrköpingissä sijaitsevassa Kolmårdenin eläinpuistossa.

Vankeusaikana, välillä 1985–2014 Särkänniemen delfiineille syntyi kaikkiaan 16 poikasta, joista vain kaksi selviytyi aikuisiksi. Valtaosa poikasista syntyi kuolleina tai menehtyi pian syntymän jälkeen.

Pohjolassa eksoottisen elämyksen ansiosta delfinaario oli erittäin suosittu, ja vuosittaiset kävijämäärät kohosivat yli neljännesmiljoonan. Vuosien saatossa delfinaarion suosio laski, ja etenkin eläinsuojelujärjestöjen painostus aiheutti vaatimuksia esitysten lopettamisesta. Suomen silloinen ympäristöministeri Ville Niinistö totesi syksyllä 2014 delfiinien vangittuina pitämisen olevan ongelmallista ja vaati toiminnan lopettamista. Delfinaarion hallitus päätti toiminnan lopettamisesta syyskuussa 2015, kun yleisön mielenkiinnon ja kävijämäärien hiipuessa laitos oli tullut taloudellisestikin kannattamattomaksi.[26],[27]

Lakkauttamispäätöksen julkistamisen jälkeen useat tahot, muun muassa kansainvälisen delfiiniensuojelun kärkihahmoksi kohonnut yhdysvaltalainen Ric O'Barry vetosivat suomalaisiin Särkänniemen delfiinien siirtämiseksi valvotulle ja turvalliselle suojelualueelle. Barryn johtaman *Dolphin Project* -hankkeen ja italialaisen *Blue Dolphin Freedom Center* -keskuksen edustajat tarjosivat mahdollisuutta sijoittaa neljä "eläköityvää" delfiiniä suojelualueelle.

Särkänniemen edustajat olivat kuitenkin toista mieltä delfiinien eläkkeelle siirtymisestä, ja neljä iäkästä merinisäkästä siirrettiin – laajasta julkisesta vastustuksesta huolimatta – Kreikkaan jatkamaan uraansa showbusineksessa.

Neljä jäljellä ollutta delfiiniä – joista kaksi oli alkuperäisiä, vuonna 1984 Meksikonlahdelta pyydystettyjä ja kaksi Särkänniemessä syntyneitä – siirrettiin elokuussa 2016 Kreikkaan, noin 20 kilometriä Ateenan itäpuolella Spatassa toimivaan Attikan eläinpuistoon. Yksi delfiineistä – Delfi – kuoli uudessa asemapaikassaan tammikuussa 2017.[28],[29]

Särkänniemen delfiinien taru päättyi lopulta Italiaan. Viimeinen kuudesta alkuperäisestä Tampereen delfiinistä, 43-vuotias naaras Veera kuoli 1.6.2021 Italian *Oltramaressa* – ilmeisesti sydämen pysähtymiseen. Vapaudessa syntynyt ja Meksikonlahdelta Yhdysvaltain rannikkovesiltä vangittuna Tampereelle tuotu Veera oli siirretty Italiaan vajaa vuosi aikaisemmin Kreikasta. Veera ei viihtynyt Kreikan tai Italian delfinaarioissa vankeudessa eikä tullut toimeen samoissa altaissa eläneiden muiden delfiinien kanssa. Käyttäytymisongelmien takia Veera eli pitkiä aikoja omassa altaassaan erillään muista delfiineistä.[30], [31],[32]

Särkänniemen delfiinien tunnetuista ja suurelle yleisölle tuntemattomistakin vaiheista – kuten Happy-delfiinin kuolemasta vain muutama viikko vangitsemisen jälkeen – kertoo sosiologi, yhteiskuntatieteiden tohtori ja eläinoikeusaktivisti Salla Tuomivaara vuonna 2019 julkaistussa kirjassaan *Syötävät koirat ja sympaattiset siat – Eläinten kohtaamisesta*.[33]

Kokonaisvaltaisen näkemyksen Särkänniemen – ja delfinaarioiden yleensäkin – perustamisen ja ylläpidon motiiveista, oikeutuksesta ja hyväksyttävyydestä esittää maisteri Kaisa Ansami vuonna 2015 julkaistussa *Särkänniemen delfinaario – kappaleita epävirallisesta historiikista* -katsauksessaan. Mari Siltanen kirjaa YLE Uutisten katsauksessa (27.10.2015) Särkänniemen delfiinien vaiheita ”syntymästä kuolemaan” (uutisjutussa on linkit myös 42 muuhun Särkänniemiuutiseen vuosien varrelta).[34],[35]

6

Delfinaariokiellot Euroopassa

Villieläinten viihdekäyttö kielletty 20 EU-maassa

Eurogroup for Animals -järjestö julkaisi kokonaiskatsauksen villieläinten viihdekäytöstä Euroopan unionin alueella toimivissa sirkuksissa maaliskuussa 2021. Raportti kattaa 24 vuoden jakson 1995–2019. Seuranta-aikaan unionimaissa oli ainakin 263 sirkusta, joiden esiintyjävahvuudessa oli eläimiä. Viihdekäytössä olleiden villieläinten kokonaismääristä ei ole kattavaa tilastoa, mutta yksittäisten valtioiden laskennat osoittavat eläinten hyväksikäytön olevan jopa häkellyttävän yleistä.

Viimeisin kokonaisarvio on vuodelta 2005, jolloin EU-alueen sirkuksissa "työskenteli" 2400–5900 eläintä. Määrät ovat hämmästyttävän korkeita, sillä 20 EU-valtiota oli kansallisilla päätöksillään kieltänyt villieläinten viihdekäytön. Täyttääkseen tehtävänsä kieltopäätökset tulisi järjestön mukaan ehdottomasti harmonisoida, ja kiellon noudattamista pitäisi myös asianmukaisesti ja uskottavasti valvoa. Valvonta ja rajoitusten rikkomuksista langetettavat sanktiot jäävät liian usein vain teoriatasolle.[36]

Teoria, lakipykälät ja käytäntö eivät ole valitettavasti yhteneväisiä. Useimmissa delfinaarioissa ja eläinpuistoissa merinisäkkäiden esityksiä ja käyttöä esimerkiksi delfiiniuintien tai selfievalokuvien ottamista varten puolustetaan opetuksellisilla ja kasvatuksellisilla perusteilla. Periaate on kunnioitettava, mutta käytännössä selitys on vain kulissi.

Parinkymmenen delfinaarion otoksessa opetuksellinen peruste oli edes jossain määrin esillä ja yleisölle konkreettisesti esiteltynä vain parissa laitoksessa. Särkänniemen 30 vuoden toiminta perustui eläintarhalupaan. Vuoden 1996 eläinsuojelulain mukaan eläintarhan on tarjottava yleisölle tietoa nähtävillä olevista eläimistä ja eläinten luonnonmukaisista ympäristöistä. Lisäksi eläintarhan tulee edistää lajien suojelua sekä monimuotoisuuden säilymistä ja edistää alan tieteellistä tutkimusta.

Pullokuonodelfiinin asema ja yleisyys luonnossa eivät mitenkään edellytä tarha- tai delfinaariosäilytystä. Tieteellistä, vapaasti saatavilla olevaa tutkimusta Särkänniemessä ei juuri harjoitettu, ja kansanvalistuskin jäi pahasti sivuosaan. Eläinsuojeluyhdistys Animalian tekemässä, *Dolphnaria Free Europe* -organisaation ohjeiston mukaan toteutetussa tarkastuksessa Särkänniemen delfiininäytöksissä vain 11 prosenttia sisällöstä koostui yleisölle suunnatusta opetuksesta ja valistuksesta.[37]

Panostus tutkimukseen ja lajiensuojeluun olematonta

Toinen delfinaarioiden ylläpitoa puolusteleva näkökanta, tieteellinen ja eläinten hyvinvointia palveleva tutkimus, on niukkaa. Vuonna 2015 julkaistussa, Euroopan unionin alueella tuolloin toimineiden delfinaarioiden (myös Särkännimen delfinaario oli vielä toiminnassa) olosuhteita selvittäneessä *Whale and Dolphin*

Conservation -organisaation johdolla toteutetussa tutkimuksessa selvitettiin, kuinka hyvin tai huonosti maanosamme delfinaariot täyttävät *Euroopan unionin eläintarhadirektiivin* (1999/22) vaatimukset.

34 eurooppalaisesta delfinaariosta 14 ilmoitti osallistuvansa edes jonkinlaiseen tutkimustoimintaan. Vain kaksi delfinaariota saattoi esittää laitoksissa tehtyä, delfiinien hyvinvointiin liittyvää tieteellistä tutkimusta, jollaista EU:n eläintarhadirektiivi edellyttää luvan saaneilta laitoksilta.

Toinen EU-direktiivin ehdoton vaatimus luvan saaneille laitoksille on edistää uhanalaisten tai vaarantuneiden eläinlajien suojelua ja mahdollisuuksia auttaa luonnonvaraisia eläinpopulaatioita. Vuoden 2011 selvityksessä neljällä viidesosalla EU-maiden delfinaarioista ei ollut esittää minkäänlaista delfiinien suojeluun liittyvää toimintaa. Noin kolmasosa laitoksista oli laatinut yleisölle tarjolla olevia esitteitä tai esittelytauluja delfinaarioissa pitämistään merinisäkkäistä. Mutta vain yksi delfinaario saattoi kertoa osallistuvansa aktiivisesti luonnonvaraisten delfiinien suojelutyöhön. [38]

Delfinaariokäynnistä luontotietoa ja suojeluhalukkuutta

Perustelu delfinaarioiden arvoista yleisön kasvatuksellisina ja luonnonsuojelun arvoa korostavina laitoksina sai katetta yhdysvaltalaisessa, monitieteellisen asiantuntijaryhmän katsauksessa. San Diegon eläintarhan ja Chicagon Eläintieteellisen yhdistyksen tutkijan Lance J. Millerin johdolla julkaistussa tutkimuksessa selvitettiin eläintarhoissa ja akvaarioissa delfiinejä katselleita ja osin myös delfiinien kanssa konkreettisessa kanssakäymisessä olleita vieraita. Laitoksilla oli vahvistetut kasvatukselliset ja koulutukselliset ohjelmat delfiinien ja yleensä meriluonnon hyvinvoinnista ja suojelusta.

Tavoitteena oli selvittää, vaikuttiko delfiinien kohtaaminen lyhyt- tai pitkäaikaisesti kävijöiden tietotasoon, asenteisiin ja/tai käyttäytymiseen luonnonsuojelua kohtaan. Välittömästi tapahtuman jälkeen tehty kysely osoitti, että delfiinien katseleminen ja osallistuminen toimintaan delfiinien kanssa lisäsivät merkittävästi ihmisten tietoisuutta ja suojeluhalukkuutta. Käyntien vaikutus oli myös pysyvä, sillä kolme kuukautta delfiinitapaamisten jälkeen tehdyssä uusintahaastattelussa vierailijoiden asenteet olivat edelleen suojelupositiivisia, ja tiedot merinisäkkäiden ja meriluonnon suojelusta olivat parempia kuin ennen tarha- tai laitoskäyntiä.

Tutkijaryhmän tulkinnan mukaan ihmisten käyttäytyminen ja asenteet luonnonsuojelua kohtaan muuttuivat sitä positiivisemmiksi ja kestävämmiksi, mitä useammin henkilöt olivat delfiinejä tavanneet. Tulokset osoittavat Millerin ja kumppanien mukaan, että eläintarhoissa ja laitoksissa pidettävät delfiinit voivat olla tärkeä osa paitsi eläinsuojelua myös lisätä ihmisten luonnonsuojelutietoa ja -halukkuutta. Edellytyksenä on tietysti, että merinisäkkäitä hoidetaan eläinten ehdoilla, ja että yleisölle tarjotaan sirkustemppujen sijaan kasvatuksellista, tieteelliseen tutkimukseen perustuvaa varmennettua tietoa nisäkkäistä ja meriluonnosta.[39]

Tunteisiin vetoavat kampanjat delfinaarioita vastaan

Kiska – Maailman yksinäisin miekkavalas

Kuvissa delfiinit näyttävät aina hymyilevän ja olevan hyväntuulisia ja terveitä. Ilme on kuitenkin petollinen – ainoastaan eläimen anatomian määräämä ominaisuus. "Hymyilevä" delfiini saattaa olla fyysisesti ja psyykkisesti sairas, eikä edes eläinten hoitaja – satunnaisesta delfinaarion turistivieraasta puhumattakaan – voi päätellä yksilön kuntoa tai tuntemuksia. Hymyilevän ilmeen lisäksi delfiinien suosion ovat nostaneet huipulle elokuvien ja televisiosarjojen älykkäät, inhimillisesti toimivat pullokuonodelfiinit ja miekkavalaat. Filmien antama kuva on valitettavan usein valheellinen.

Sympatiaa eläimiä kohtaan, ja samalla vastalauseita delfinaarioiden olosuhteita ja delfiinien vangitsemista vastaan, ovat tuoneet kuvaukset kauan ihmisen hoivissa ilman lajitoverien seuraa viettäneistä delfiineistä.

Tahtomattaan delfinaarioiden vastaisen kampanjan supertähdeksi on noussut muun muassa Kiska, Kanadan Niagara Falls'issa toimivan *Marineland*-teemapuiston tunnetuin eläin. Tämä naarasmiekkavalas vangittiin vuonna 1979, jolloin eläin oli noin kolmivuotias. Luonnossa miekkavalaat elävät jopa 90-vuotiaiksi, joten vajaa viisikymppinen Kiska on lajinsa elämänkaaressa vasta keski-ikäinen. Marinelandissa Kiska eli aluksi yhdessä toisen delfiinifilmien supersankarin, *Free Willy* -elokuvien pääosaa esittäneen Keikon kanssa. (Keikon historiasta, muun muassa myynnistä ensin Meksikoon ja sittemmin Floridaan ja lopulta vapauteen – lähemmin sivulta 127).

Marinelandissa on ollut puiston toiminnan aikana kaikkiaan 26 miekkavalasta, joista 20 yksilöä on kuollut vankeudessa, ja viisi yksilöä on myyty muihin laitoksiin. Jäljelle on jäänyt vain Kiska, joka on ollut Marinelandin ainoa miekkavalas jo vuodesta 2011 lähtien. Puisto-olosuhteiden karuudesta kertoo Kiskan traaginen perhe-elämä. Naaras on synnyttänyt viisi poikasta, mutta näistä jokainen on kuollut jo nuorena.

Miekkavalaat ovat sosiaalisia eläimiä, joten vuosikymmenen jatkuneen yksinäisyyden merkit näkyvät Kiskassa. Naaras on passiivinen ja kelluu usein paikoillaan kuin tukki. Tällaista eivät miekkavalaat luonnossa juuri koskaan harrasta. Stressin seurauksena naaras hakkaa päätään altaan lasiseiniä vastaan, ja eläimen hampaat ja ikenet ovat pahoin vahingoittuneet usein toistuvan altaan rakenteiden pureskelun seurauksena.

Kiskan yksinäisyydelle ei ole nähtävissä loppua, sillä vuonna 2019 Kanadan uudistetussa lainsäädännössä kiellettiin merestä vangittujen valaseläinten maahantuonti ja laitoksissa kasvattaminen. Eläinsuojelujärjestöt ovat jo kauan kampanjoineet delfinaarioiden ja teemapuistojen eläimille tarkoitettujen, mahdollisimman luonnonmukaisten suojelualueiden perustamiseksi. Suunnitelmat ovat toteutumassa Nova Scotiassa (vrt. sivu 117), jonne Kiskankin toivotaan pääsevän eläkevuosiaan viettämään.[40]

Kiska tunnetaan pisimmästä vankeusajasta, mutta vanhin vankeudessa elävä delfiini on Corky, nykyisin San Diegon SeaWorldissä pidettävä naarasmiekkavalas. Corky vangittiin vuonna 1969 noin nelivuotiaana British Columbian vesiltä ja vietiin Los Angelesin *Marineland*-puistoon, josta naaras siirrettiin *SeaWorldin* San Diegon teemapuistoon vuonna 1987. Täällä yli 55-vuotiaan Corkyn seurana oli samasta miekkavalasryhmästä vangittu uros, joka kuitenkin kuoli pian Corkyn saapumisen jälkeen. Yksin Corky ei silti ole, sillä San Diegon SeaWordissä on useita delfiinejä ja miekkavalaita.[41]

Britanniassa edistykselliset säännöt jo1980-luvulla

Tiukat määräykset sulkivat delfinaariot vuonna 1993

Iso-Britannia on edelläkävijä monissa eläinsuojelun ja eläinten hyvinvoinnin vaiheissa, vaikka esimerkiksi kiistellyn kettujen metsästyksen antama yleinen mielikuva antaisi ymmärtää päinvastaista.

Vielä 1970- ja 1980- luvuilla Britanniassa toimi kolmisenkymmentä delfinaariota ja vastaavaa suuria merinisäkkäitä esittelevää vesipuistoa. Luonnossa usein suurissa ryhmissä elävien ja pitkiä vaelluksia merissä tekevien eläinten vangitseminen ja pitäminen useimmiten eläinten hyvinvoinnin kannalta aivan liian pienissä altaissa on aiheuttanut ”kautta aikain” vastustusta ja näyttäviä kampanjoita toiminta vastaan. Britannian delfinaarioiden kohtaloksi koitui varsinkin eläinsuojelu- ja ympäristöjärjestöjen *Into the Blue* -kampanja, joka vaati esitysten kieltämistä ja vangittujen eläinten vapauttamista.

Saarivaltakunnan ympäristöministeriön vuonna 1986 julkaistu *A Review of Dolphinaria* -raportti arvioi, kuinka hyvin eläimiä ylläpitävät ja käyttävät laitokset täyttävät niille asetetut opetukselliset, tutkimukselliset ja lajien kannanhoitoa palvelevat tavoitteet. Raportin arvio sen hetkisistä brittiyrityksistä ja toimijoista oli kriittinen, ja katsauksessa esitetyt vaatimukset eläintenpidon kriteereistä olivat erittäin tiukat. Vaatimuksia täydennettiin ja osin kiristettiin vielä vuonna 1988, ja uusien vaatimuksien mukaiset olot tuli saattaa voimaan kaikissa delfinaarioissa vuoteen 1993 mennessä.

Britannian delfinaarioiden ylläpidon kriteerit sisällytettiin myös kuningaskunnan sisäasiainministeriön vuonna 1990 vahvistamiin, sirkuksia koskeviin määräyksiin (*Secretary of State's Standards of Modern Zoo Practice*). Sirkuksille ja muille eläimiä ylläpitäville ja hyväksikäyttäville laitoksille esitetyt ehdottomat laatuvaatimukset olivat maailman tiukimmat. Uusien normien mukaan merinisäkkäitä on laitoksissa pidettävä kullekin lajille luonteenomaisissa, eläinten normaalit fysiologiset ja sosiaaliset suhteet mahdollistavissa olosuhteissa, eikä yksittäisiä eläimiä saanut sulkea erilleen. Vaatimukset olivat niin ankarat, että käytännössä kaikki Britannian delfinaariot päättivät luopua omaehtoisesti tai yritykset pakotettiin lopettamaan toimintansa.[42]

Useimmat delfinaariot suljettiin pysyvästi jo 1970-luvulla. Pisimpään sinnittelevät teemapuistot jatkoivat delfiinien esityksiä 1990-luvun alkuun saakka. Viimeisimmät delfinaariot olivat Yorkshiressa edelleen hyvin laajalla sektorilla toimivassa teema- ja huvipuistossa *Flamingolandissa*, jossa delfiinien esitykset jatkuivat vuoteen 1993 saakka. Tämä oli viimeinen saarivaltakunnan delfinaario.

Marineland Irlanninmeren rannikkokaupungissa Morecambessa toimi vuosina 1964–1990. Tämän laitoksen viimeinen delfiini vapautettiin vuonna 1991 Karibianmerelle. Etenkin afrikkalaisista eläimistään kuuluisa, hyvin laaja eläinpuisto *Windsor Safari Park* Windsorin kaupungin lähellä Berkshiressä toimi 1970–1992. Tämän puiston delfiinit siirrettiin toiminnan loputtua Alankomaihin.[43]

Englannin kanaalin rannikolla, Kentin kreivikunnassa sijaitsevan Margaten huvielämän kultakaudella yhdessä alueen maineikkaimmista hotelleista vetonaulaksi kehitettiin sisäuima-allas, eikä mikä tahansa uima-allas. Queen's Hotel -yrityksen omistajan ainutlaatuinen oivallus oli, että uimarit olivat koko ajan maanpinnan alla sijaitsevan baarin asiakkaiden silmien edessä altaan läpinäkyvien seinämien ansiosta. Tätä nykyä vastaavaa eivät luultavasti haluaisi kokea sen enempää uimarit kuin ravintola-asiakkaatkaan.

Noin kahden tunnin junamatkan päässä pääkaupunki Lontoosta sijaitsevan Kentin rannikon vetovoima hiipui halpojen ulkomaanmatkojen, ennen kaikkea brittien ihailemien Espanjan aurinkorantojen vietyä asiakkaat, ja myös hotellin toiminta hiljeni. 1960-luvun lopulla hotellin osti Louis Holloway, joka uudisti majapaikan ja myös tyhjilleen jääneen uima-altaan toimintaa. Ihmisuimarien sijasta altaassa polskuttelivat delfiinit ja merileijonat.

Myöhemmin Hollowayn poika on kertonut idean synnystä. Eräänä päivänä hotellinomistajan tullessa kotiin hänen korviinsa oli tarttunut suositun TV-sarja Flipperin tunnusmusiikki. Tästä Holloway sai oivalluksen hankkia omia merinisäkkäitä hotellin vetonaulaksi. Niinpä Floridasta hankittiin delfiinejä, ja useimmista vastaavista yrityksistä poiketen myös kaksi merileijonaa.

Sittemmin delfiinit ja merileijonat tarjosivat maksaville asiakkaille seitsemän esitystä viikon jokaisen päivänä, ja Kentin rannikon ainoana tällaista viihdettä tarjoavana yrityksenä Queen's Hotellin delfinaariosta tuli erittäin suosittu matkakohde. Delfinaario oli toiminnassa vuosina 1969–1977.

Margate oli korostetusti vain kesäinen rantalomakohde, jonka talvikuukaudet olivat hyvin hiljaisia. Niinpä delfiineille ei ollut kotialtaassaan asiakkaita. Kekseliäs hotellinomistaja osasi kuitenkin hyödyntää eläinomaisuuttaan. Kylmänä vuodenaikana delfiinit kiersivät vierailemassa saarivaltakunnan eri puolilla, kaupunkien uimahalleissa, joiden veden suolapitoisuus säädettiin merivettä vastaavaksi.

Margaten rantojen vetovoiman hiivuttua myös delfinaarion asiakkaat vähenivät, ja delfinaario suljettiin vuonna 1977. Eläimet siirrettiin Yhdysvaltoihin, ja pääsipä yksi Hollowayn delfiineistä peräti koko idean alkuun saattaneen *Flipper*-sarjan esiintyjäksi, jopa yhdeksi kaikkiaan kuudesta päätähti Flipperistä.[44],[45]

Ranskan Parc Astérixin delfiinit ulkomaille

Lakimuutos antoi delfinaarioille 7–10 vuotta aikaa

Ranskan hallitus julkisti syyskuussa 2020 eläinsuojelijoiden kauan odottaman päätöksen kieltää eläinten näytökset sirkuksissa, delfinaarioissa ja meriakvaarioissa. Eläinten viihdekäytön lopettamiseen annettiin laitoksille useiden vuosien siirtymäaika, ja maan hallitus lupasi taloudellista tukea muualle siirrettävien eläinten hyvinvoinnin turvaamiseen. Päätöksen tekoaikaan Ranskassa oli toiminnassa kolme delfinaariota. Eläinesitysten kiellon lisäksi hallituksen päätökseen kuului muun muassa minkkitarhauksen täyskielto.

Päätös villieläinten esiintymiskielloista merkitsee suurta mullistusta ranskalaisessa viihdeteollisuudessa. Julkistamisen aikaan Ranskassa toimi noin 80 sirkusta, joiden ohjelmistoissa esiintyi villieläimiä. Maassa toimiville kolmelle delfinaarioille hallituksen päätös antoi 7–10 vuoden siirtymis- ja lopettamisajan. Uusia delfinaarioita tai eläinten esityksiä tarjoavia meriakvaarioita ei Ranskaan saa perustaa. Vastaavia, villieläinten sirkuskäytön kieltäviä päätöksiä on voimassa parissa kymmenessä EU-maassa.

Villieläinten ylläpito- ja esiintymiskiellot tietävät varmasti sirkuksille ja delfinaarioille vaikeita aikoja, vaikka toiminta saisi siirtymäkaudella jatkuakin. Hallitustasolla annettu jyrkkä vastalause villieläinten viihdekäytölle johtanee maksavien asiakkaiden boikotteihin tai ainakin vähentää lipunmyyntiä. Päätöksestä kertonut ympäristöministeri Barbara Pompili lupasi hallituksen avustavan laitoksia siirtymäkauden esiintymisten järjestelyissä, näytöseläinten ”eläkkeelle siirtämisessä” sekä ilman villieläimiä tapahtuvan toiminnan käynnistämisessä noin kahdeksan miljoonan euron tuella.

Ranskan jyrkkä ei sirkuseläimille ja delfinaarioille oli ymmärrettävästi ikävä uutinen eläimiä hyödyntävälle viihdealalle. Eläinesityksiä järjestävien yritysten yhdistyksen johtaja luonnehti hallituksen kieltopäätöstä veitsen iskuksi selkään alalle, joka on jo muutenkin ahdingossa koronapandemian aiheuttamien rajoitusten takia. Järjestö esitti myös huolensa satojen sirkuseläinten kohtalosta, sillä vankeudessa syntyneitä eläimiä on vaikea, usein mahdoton vapauttaa luontoon. Menneiden vuosikymmenien elokuvamaailman tähden Brigitte Bardotin, joka tunnetaan näkyvänä ja sanavalmiina eläinten suojelijana, järjestö toivotti kyllä kaikki vankeudesta pääsevät eläimet tervetulleiksi suojelukseensa.[46],[47]

Toimintarajoitukset johtivat jopa odotettua nopeampiin päätöksiin delfiiniesitysten lopettamiseksi. Tammikuussa 2021 Pariisin pohjoispuolella Plaillyn kunnassa sijaitseva *Parc Astérix* -teemapuisto ilmoitti lakkauttavansa delfinaarionsa ja siirtävänsä merinisäkkäät muualle. Vapauteen eläimet eivät kuitenkaan päässeet, vaan niiden esitykset jatkuvat muualla.

Puistossa oli kahdeksan delfiiniä ja viisi merileijonaa. Seitsemän delfiiniä siirrettiin pois Ranskasta. Kaksi delfiiniä siirrettiin Ruotsin *Kolmårdenin eläinpuistoon*, kolme yksilöä muutti Espanjan Valenciassa toimivaan *Oceanographic*-meriakvaarioon, ja kaksi delfiiniä sai uuden kodin Espanjan Benidormin *Mundomar*-merieläinpuistosta. Yhden Parc Astérixin delfiinin, jo vuosia vakavasta Cushingin taudista kärsineen naaraan muutto jouduttiin peruuttamaan, ja eläin lopetettiin.[48],[49]

Vastasyntyneen kuolema Nantesin "Villissä luonnossa"

Ranskassa, Nantesin kaupungin lähistöllä sijaitseva *Planète Sauvage* (Villi planeetta; Villi luonto) -teemapuisto on suosittu turistikohde, jonka keskeinen osa ovat eläimet. Teemapuisto vakuuttaa jo valitsemansa nimenkin mukaisesti olevan luonnonmukainen. Tiedotus- ja markkinointimateriaaleissaan teemapuisto julistaa tehtäviensä perustuvan neljään pääperiaatteeseen, jotka hallitsevat kaikkia puiston osa-alueita. Periaatteet ovat: Eläinten hyvinvointi, Lajien säilyttäminen, Opetus ja luonnonsuojeluasenteiden kasvatus sekä Tieteellinen tutkimus. Tehtäviensä ja asiantuntemuksensa perusteella Planète Sauvage vakuuttaa olevansa "todellinen luonnonvaraisten eläinten suojelun lähettiläs".[50]

Luonnonsuojelun lähettilään periaatteet osuvat huonosti yksiin puiston delfiinien kohtalon kanssa. Eläinsuojelujärjestöt ovat jo vuosia vaatineet Planète Sauvagen altaissa pidettävien delfiinien vapauttamista, koska merinisäkkäiden elinolosuhteet ovat sopimattomat. Uusimpana todisteena eläinten hyväksikäytöstä kesäkuussa 2020 julkistettiin tieto vain viikon syntymänsä jälkeen kuolleesta delfiininpoikasesta. Vastasyntyneiden menehtyminen on tavallista myös luonnossa, mutta tämän tapauksen voitiin osoittaa olevan vain jatkumoa jo pitkään toteen näytetylle delfiinien riistolle. Planète Sauvage oli jo ehtinyt hyödyntää uutta delfiiniään videomainoksissa vetonaulana ja järjestämällä muun muassa kilpailun tulokkaan nimestä.

Teemapuisto on reagoinut ajoittain kiivaaseenkin julkiseen kritiikkiin lisäämällä yhteistyötä ulkopuolisten eläintieteen ja eläinlääketieteen asiantuntijoiden kanssa. Uudella delfiinien hyvinvoinnin arviointityökalulla Planète Sauvage vakuuttaa järjestävänsä eläinten aikataulun joka päivä mahdollisimman objektiivisesti delfiinien tarpeiden ja toiveiden mukaan.

Kattavien ja hyvää tarkoittavien lupausten lunastaminen on tosin vaikeaa pienissä altaissa, joissa suurikokoiset merinisäkkäät eivät missään tapauksessa voi toteuttaa luonnonmukaista ja lajityypillistä elämäntapaa.[51],[52]

Belgiassa aloite delfinaarion lakkauttamiseksi

Belgian eläinsuojelusta ja eläinten hyvinvoinnista vastaava ministeri Ben Weyts teki helmikuussa 2021 aloitteen, jonka mukaan delfiinien ja muiden merinisäkkäiden kasvatus ja ylläpito laitoksissa kiellettäisiin maan flaaminkielisellä alueella, joka koostuu pääosin Flanderista. Tällä alueella, Bruggen kaupungissa Englannin kanaalin rannikolla toimii Belgian ainoa delfinaario – merinisäkäs- ja teemapuisto *Boudewijn Sea Park* – jonka omistajalla Aspro Park -yrityksellä on vastaavia laitoksia eri Euroopan maissa.

Ministerin aloitetta lakkauttaa delfinaarion toiminta jo vuonna 2022 ovat muutkin hallituksen edustajat puoltaneet, mutta mahdollisista päätöksistä ei ole aikataulua. Jos Bruggen delfinaario suljetaan, laitoksessa olevien delfiinien siirto saman omistajan muissa maissa oleviin laitoksiin olisi todennäköistä, mutta eläinten kohtaloista ei ole päätöksiä. Vuonna 2020 Boudewijn Sea Park -teemapuistossa oli kahdeksan delfiiniä, joiden iät vaihtelivat 4–53 vuoden välillä.

Teemapuisto ei näytä uskovan toiminnan lakkauttamiseen vaan kehittää ja uudistaa delfinaarion esityksiä. Uusimmassa ohjelmassa katsojille luvataan paitsi taidokkaita delfiinien esityksiä myös altaisiin nivoutuvalla 320 neliömetrin laajuisella videotaululla tarjottavaa tietoa valtamerten älykkäimpiin lukeutuvan eläimen, pullokuonodelfiinin elämästä ja nisäkkäitä uhkaavista vaaroista kuten meren muoviroskien hälyttävästä lisääntymisestä.

Maaliskuussa 2021 Belgiassa vahvistetiin laki, joka kieltää merinisäkkäiden pitämisen vangittuina pääkaupunki Brysselin alueella. Flanderin delfinaarion toiminta jatkuu, vaikka keskusteluja toiminnan lopettamisesta käydään yrittäjien ja poliitikkojen välillä.[53], [54],[55]

Alankomaissa delfiinien viihde-esitykset lopetettava

Alankomaiden delfinaarioita koskevat eläinsuojelusäädökset ovat ristiriitaisia. Jo vuonna 2015 maassa kiellettiin villieläinten viihdekäyttö sirkuksissa, mutta kielto ei koske delfiinejä tai delfinaarioiden muita merinisäkkäitä. Maan ainoa toimiva delfinaario Harderwijkissa toimii ainakin osin säädösten vastaisesti jatkaessaan sirkusmaisia viihde-esityksiä, vaikka yritys on luvannut muuttaa shown sisällön opetukselliseksi.

Harderwijkin delfinaario sai paljon kielteistä julkisuutta, kun valtion maatalous- ja luontoasioista vastaavan ministeriön selvitys osoitti laitoksella olevien nisäkkäiden esitykset yksinomaan viihteellisiksi ilman, että niissä olisi mitään kasvatuksellista sisältöä. Delfinaario on vaatimusten paineessa luvannut muuttaa tuottoisan ja paljon yleisöä keränneen shown rakennetta kasvatukselliseen ja delfiinien luontaisia elinoloja korostavaan suuntaan. Lupaus ei odotetusti tyydytä delfinaarioiden kieltämistä vaativia eläinsuojelijoita.

Maatalousministeriön tarkastuksessa delfinaario sai kyllä puhtaat paperit eläinten kohtelusta, mutta liian matalat ja ahtaat altaat tarkastus totesi kelvottomiksi. Kielteinen julkisuus ja virallisen tarkastuksen antamat moitteet Harderwijkin delfinaarion kunnosta käänsivät lopulta laitoksen omistajienkin asenteet, ja delfinaarion toiminta päätettiin lakkauttaa. Vuonna 1965 avattu delfinaario on vanhentunut ja huonokuntoinen, ja laitos itsekin myöntää olosuhteiden olevan suurille merinisäkkäille sopimattomia.[56],[57]

Harderwijkin vankeudessa olleet merinisäkkäät – kahdeksan delfiiniä, kaksi merileijonaa ja kaksi mursua – on tarkoitus siirtää Kiinassa toimivalle merinisäkkäiden suojelualueelle (*Hainan Ocean Paradise*). Kansainvälinen eläinsuojelun valvonta on kuitenkin niin puutteellista, että epäilijät uskovat sirkustemppuihin koulutettujen ja yleisöön tottuneiden delfiinien päätyvän "meriparatiisin" lokoisten olojen sijasta toteuttamaan temppujaan Kiinan kasvavan turismiteollisuuden palveluksessa.

Kauppa ja eläinten siirto Aasiaan vaativat tarkat selvitykset eläinten tulevista elinolosuhteista – ja tällainen tarkastus on luovuttajaosapuolen eli Harderwijkin vastuulla, ennen kuin siirto voi tapahtua, edellytti Alankomaiden maatalousministeri Carola Schouten vastatessaan maan parlamentissa tehtyyn kysymykseen. Jos takuita kunnollisista elinolosuhteista ja merinisäkkäiden asianmukaisesta hoidosta ja kohtelusta ei saada, ministeriö kieltää eläinten viennin Kiinaan, ministeri korosti.[58]

Harderwijkin toiminta oli valokeilassa myös syyskuussa 2021, kun kansainvälisen *World Animal Protection* -eläinsuojelujärjestön käynnistämä vetoomus luovutettiin Alankomaiden kansanedustajille Haagissa. Delfinaarioiden poikastuotantoa vastustavan – ja laajemmin kaikkien delfiinien vangittuina pitämistä vaativan – vetoomuksen oli allekirjoittanut noin 80 000 kansalaista.[59]

Sveitsi kielsi delfinaariot vuonna 2012

Sveitsin parlamentin edustajainhuone vahvisti maaliskuussa 2012 käytännössä delfinaariot laittomiksi kieltämällä ”delfiinien pitämisen akvaariossa viihdetarkoituksissa“. Maan senaatti laajensi päätöstä vielä kieltämällä delfiinien maahantuonnin.

Viimeiset kaksi Sveitsissä ollutta delfiiniä myytiin Karibianmeren saarivaltiolle Jamaikalle joulukuussa 2013.[60]

Barcelonasta delfiinivapaa kaupunki

Turismi on Espanjan taloudelle elintärkeää, ja siksi kaikki matkailuun ja matkailijoiden viihdyttämiseen tähtäävät toiminnot – myös eläintensuojelun kannalta epäilyttävät delfinaariot ja teemapuistot – ovat valtiolle tärkeitä. Katalonian pääkaupunki Barcelona, miljoonien turistien vierailukohde, on kuitenkin rajoittanut merinisäkkäiden viihdekäytön mahdollisuuksia.

Keväällä 2018 Barcelonan kaupunki julistautui virallisesti – ensimmäisenä kaupunkina Euroopassa – täysin vangittuina pidetyistä delfiineistä vapaaksi kaupungiksi. Kaupunginvaltuuston päätöksellä kiellettiin uusien delfinaarioiden rakentaminen ja yleisöesityksiin tarkoitettujen merinisäkkäiden tuonti kaupunkialueelle.

Kielto tähtäsi tulevaisuuteen, sillä kaupungin eläintarhassa oli päätöksen tekoaikaan vielä ainakin kuusi delfiiniä. Näiden nisäkkäiden vapauttaminen tai siirtäminen muualle mahdollisimman pian oli valtuuston tavoitteena ja vaatimuksena.

Päätökselle oli taustaa jo vuosien takaa. Joulukuussa 2016 Barcelonan kaupunginvaltuusto hylkäsi eläintarhan lupahakemuksen uuden delfinaarion rakentamiseksi. Vanha, vielä käytössä oleva laitos todettiin vanhanaikaiseksi ja eläinten hyvinvointia vaarantavaksi, joten kaupungin viimeisen delfinaarion toiminnan oli pakko loppua mahdollisimman pian tilojen epäkäytännöllisyyden takia.

Ensimmäisenä vaiheena delfiinien viihde-esityksistä luovuttiin. Viimeisen kerran Barcelonan delfiinit tekivät akrobaattisia temppujaan yleisölle joulukuussa 2015. Sittemmin yleisö pääsi kyllä katsomaan merinisäkkäiden ruokintaa ja eläintenhoitajien toimia, myös delfiinien luontaiseen käyttäytymiseen perustuvia toiminnallisia tuokioita. Jo vuonna 2016 yksi kuudesta tuolloin jäljellä olleesta delfiinistä siirrettiin toisaalle Espanjaan, Valenciaan – pois stressaavista ja suurille merinisäkkäille sopimattomista oloista.

Aikaisempien poliittisten päätösten lopullinen lunastaminen vei vuosia, mutta heinäkuussa 2021 Barcelona viimein saattoi julistautua delfiinivapaaksi kaupungiksi, kun kolme viimeistä yksilöä siirrettiin Kreikkaan, Ateenan eläintarhaan. Merinisäkkäiden lähtöä, joka toteutettiin delfiinien kuljetuksiin perehtyneen yrityksen toimesta, oli jouduttu siirtämään koronaepidemian takia. Uudessa kotipaikassaan delfiinit asetettiin karanteeniin koronariskin sekä muutoksen vaatiman sopeutumisajan takia.

Eläinsuojelijoiden vaatimukset delfiinien vapauttamisesta valtamereen torjuttiin vetoamalla siihen, että Barcelonan yksilöt olivat vankeudessa syntyneitä. Ruokapalkan voimin ahtaissa altaissa luonnottomiin temppuihin yleisön edessä pakotetut merinisäkkäät olivat arvioiden mukaan sekä fyysisesti että mentaalisesti niin stressaantuneita, ettei niiden katsottu voivan selviytyä vapaudessa, jollaisesta niillä ei ollut mitään kokemusta.[61] ,[62]

Kanarian saarilla yritys vastustaa oikeuden päätöstä

Delfiinivapaa Barcelona osoittaa vastuuta eläinten hyvinvoinnista, mutta samaa ei voi sanoa toisesta Espanjan turismin kohdealueesta. Kanarian saarilla, Gran Canarian Maspalomasissa toimiva *Palmitos Zoological Park* toimii laittomasti rakennetuissa tiloissa, vaikka paikallinen oikeusistuin kielsi toiminnan jo vuonna 2017. Kyseinen delfiinien allas rakennettiin vuonna 2010, vaikka hankkeella ei ollut rakennuslupaa.

Jo yli vuosikymmenen ajan jatkunut laiton tila alkoi vuonna 2007, kun yritys haki laajennuslupaa, jossa puiston pinta-ala olisi kasvanut yli 20 prosentilla. Teemapuisto sijaitsee *Pilancones National Park* -kansallispuiston alueella, eikä oikeus myöntänyt rakennuslupaa. Hylkäyksestä huolimatta puiston omistava Aspro-yritys jatkoi urakkaa ja rakensi laajennukset valmiiksi – yhä ilman mitään lupia.

Vuodesta 2017 lähtien yritys on hakenut oikeuden kieltopäätökseen muutosta ja vaatinut takautuvaa rakennuslupaa sekä vapautusta hankkeen edellyttämästä ympäristöarvioinnista ja ympäristöluvasta. Paikallinen oikeus ei vetoomuksiin suostunut, ja puiston omistajille langetettiin sakkorangaistus, jota saarten korkein oikeus vielä lisäsi – pitäen alkuperäisen rakennuskieltopäätöksen voimassa.

Espanjalaisen oikeustoimen tehokkuus näyttää kyseenalaiselta, sillä teemapuiston toiminta on jatkunut laittomuuksista huolimatta, ja ainakivielä lokakuussa 2020 yrityksen internetsivuilla mainostettiin delfinaarioesityksiä. Teemapuiston omistavalla Aspro-yrityksellä on delfinaarioita myös Hollannissa (*Harderwijk*), Belgiassa (*Bouderwijn Seapark*) sekä Espanjassa (*Marineland*, Mallorca), joihin on niin ikään kohdistunut eläinsuojelullisia ja oikeudellisia vaatimuksia ja toimintakieltoja.[63]

Italiassa oikeus kielsi yhteisuinnit delfinaarioissa

Merinisäkästutkimuksen asiantuntijat ja eläinsuojelijat ovat jo pitkään ja eri puolilla maailmaa vedonneet niin delfinaarioiden ylläpitäjiin kuin poliittisiin päättäjiin delfiiniuintien lopettamiseksi. Italiassa on päästy sanoista ja lupauksista myös käytännön tekoihin.

Vastoin järjestöjen vaatimuksia pääkaupunkiseudun alueellinen, Lazion hallinto-oikeus hyväksyi joulukuussa 2017 lain, jonka nojalla delfinaariot saivat luvan järjestää uintisessioita delfiinien ja maksavien asiakkaiden kanssa. Monet eläintieteen asiantuntijat ovat vastustaneet lupaa, mutta delfinaarioiden asiakasmääriä ja taloudellisia voittoja kasvattava päätös sai taakseen niin ympäristö-, terveys- kuin maatalousministerinkin tuen.

Kampanjointi ahtaissa altaissa jatkuvasti stressin alaisissa oloissa elävien delfiinien puolesta sai uuden käänteen, kun toukokuussa 2019 alueellinen hallinto-oikeus kumosi puolitoista vuotta aikaisemmin myönnetyn luvan delfiiniuintien järjestämiseen. Yhteisuintikieltoa vaatineissa vetoomuksissa oli osoitettu kohtaamisten aiheuttaman stressin heikentävän delfiinien hyvinvointia. Lisäksi merinisäkkäiden ja ihmisten kontaktien katsottiin olevan terveydellinen riski sekä delfiineille että ihmisille. Korona-ajan kokemukset ovat sittemmin osoittaneet tosiksi pelot tartuntatautien leviämismahdollisuuksista delfiineillä.[64]

Kreikan suositun vesipuiston luvat peruttiin

Turismista leijonanosan kansantulostaan saavalle Kreikalle elintärkeitä ovat historiallisten kulttuurimonumenttien ja nähtävyyksien ohella myös toiminnalliset teemapuistot ja muut perhelomakohteet. Yksi suosituista kohteista on jo pitkään ollut Spátan kaupungissa, Ateenan lähellä sijaitseva yksityinen Attikan eläinpuisto (*Attica Zoological Park*). Tämän teemapuiston vetonauloina ovat muun muassa delfiinit, joiden esityksiä on järjestetty useita näytöksiä päivässä. Eläinsuojelijat ja tutkijat – etenkin *Dolphinaria-Free Europe* -järjestö sekä *Pelagos Cetacean Research Institute* – ovat näkyvästi ja äänekkäästi vastustaneet Attikan puiston toimintaa, koska eläimiä pidetään siellä ahtaissa altaissa, eikä eläinten hyvinvoinnista kriitikoiden mielestä huolehdita asianmukaisesti.

Kritiikki on ollut ilmeisen perusteltua, 13.3.2020 paikallinen Attikan paikallisviranomainen peruutti teemapuiston toimiluvan. Puiston toiminta on ollut paitsi kiistanalaista myös lainvastaista, sillä sirkusmaiset eläinesitykset kiellettiin lailla koko Kreikassa jo vuonna 2012.

Attica Zoological Parkin toiminta on kielloista huolimatta jatkunut ja jopa kasvanut. Kansainvälistä kielteistä huomiota puisto sai jo vuonna 2010, kun Liettuasta kuljetettiin laittomasti delfiinejä Attikaan, ja näiden merinisäkkäiden voimin käynnistettiin laaja esitystoiminta turisteille. Vastaava, joskin lähtömaan viranomaisten hyväksymä – mutta eläinsuojelijoiden ja useiden tutkijoiden vastustama – siirto tehtiin vuonna 2016, kun Tampereen Särkänniemen neljä delfiiniä siirrettiin Attikaan.

Kieltojen rikkomuksia puisto on puolustellut kuvailemalla esityksiä ei viihteellisiksi vaan opetuksellisiksi. Väkinäinen perustelu on tuttu muualtakin, muun muassa Yhdysvaltain SeaWordin teemapuistoista. Jo marraskuussa 2017 Kreikan ympäristöministeriö vahvisti, että Attikan puisto rikkoo lakia (4039/12), joka kieltää kaikenlaiset eläinten sirkusmaiset esitykset. Laki koskee kaikkia eläinlajeja ja kaikkia esityksiä teemapuistoissa.

Heinäkuussa 2019 Attikan aluehallinnon viranomaiset tarkastivat eläinsuojelujärjestön vaatimuksesta teemapuiston olosuhteet uudelleen, ja tarkastuksessa todettiin paljon rikkomuksia. Viranomaiset vahvistivat, ettei puiston toiminnassa ollut kyse kasvatuksesta vaan viihteellisistä esityksistä, ja tarkastuksen perusteella puistoa kehotettiin välittömästi lopettamaan laittomat esitykset. Show kuitenkin jatkui entisellään viranomaismääräyksistä huolimatta.

Lopun alkua todistettiin helmikuussa 2020, kun eläinsuojelujärjestöjen ja tutkijoiden edustajat neuvottelivat Attikan aluekehityksestä ja eläinlääkinnästä vastaavien viranomaisten kanssa. Julkisen keskustelun myötä myös Attikan aluehallinnossa poliitikkojen ”ekologisen koalition” edustajat yhtyivät vaatimukseen, että lakia on viimein alettava noudattaa ja teemapuiston on lopetettava merinisäkkäiden esitykset.

Paljon paikallista ja kansallista julkisuutta saaneiden keskustelujen jälkeen järjestöt vaativat alueen kuvernööriltä välittömiä toimia laittoman toiminnan lopettamiseksi – ja maaliskuussa 2020 Attica Zoological Parkin delfinaarion toimilupa viimein peruttiin.

Päätöksen pitäisi lopettaa delfiiniesitykset. Samaan aikaan eläinpuiston toiminta keskeytyi joka tapauksessa maailmanlaajuisen koronapandemian aiheuttamien rajoitusten takia, joten eläinsuojelullisen hallintopäätöksen todellista vaikutusta ei vielä vuoden 2021 lopullakaan tiedetä.[65],[66]

Tuontidelfiinien kuolema lopetti shown Unkarissa

Unkarin delfinaarioiden historia oli lyhyt ja traaginen. Yksityiset yrittäjät toivat vuonna 1992 maahan viisi ex-Neuvostoliiton sotilaallisiin tarkoituksiin hankkimaa ja ylläpitämää delfiiniä. Yksi eläimistä kuoli kuljetuksen aikana, ja toinen menehtyi pian Unkariin saapumisen jälkeen. Jäljelle jääneistä kolmesta yksilöstä kaksi jäi uudeksi kotivesistökseen tulleisiin uima-altaisiin apaattisina ja huonokuntoisen näköisinä, vain yhden yksilön pysyessä aktiivisena ja maksullisiin yleisöesityksiin kykenevänä.

Puutteellisiin ja delfiineille täysin sopimattomiin oloihin – pieniin altaisin ja suolattomaan veteen – vangitut eläimet herättivät niin yleisön kuin eläinsuojelijoiden huomiota. Julkisuuden takia delfiineille järjestettiin asianmukainen eläinlääkärin tarkastus, jonka tuloksena toiminta ja unkarilaisen lainsäädännön mukainen luvallinen vangitseminen loppui, ja eläimet palautettiin lähtöpaikkaansa Ukrainaan.

Tapaus sai paljon julkisuutta Unkarissa, ja pitkällisen valmistelun jälkeen delfiinien pysyvä maahantuontikielto astui voimaan vuonna 2002.[67]

Tropicariumin aie Budapestin delfinaariosta kariutui

Aikana, jolloin yhä useammat maat ja kaupungit lakkauttavat ja kieltävät delfinaarioita ja delfiinien sirkusesityksiä, Unkarin pääkaupunkiin Budapestiin pyrittiin vuonna 2018 avaamaan uutta laitosta. Suunnitelma oli osa Keski-Euroopan suurimpiin viihdekeskuksiin lukeutuvaa *Tropicarium*-teemapuistoa, jossa vierailee lähes puoli miljoonaa kävijää vuodessa.

Vuonna 2000 perustettu Tropicarium on kuuluisa suurissa akvaarioaltaissa tavattavista kaloista, ennen kaikkea seitsemään eri lajiin kuuluvien haikalojen runsaudesta. Parinkymmenen menestyksekkään vuoden jälkeen Tropicarium haki uutta vetonaulaa delfiineistä. Suunnitelmaa oli pohjustettu hankkimalla taustatukea delfinaarioista Euroopan suurimmilta alan yrittäjiltä sekä Orlandon SeaWorldistä. Hanke oli yllättävä, sillä Unkarissa oli lain nojalla kielletty luonnosta vangittujen delfiinien maahantuonti viihdekäyttöön.

Kielto määrättiin sen jälkeen, kun viisi pullokuonodelfiiniä oli tuotu laittomasti Ukrainasta, ja yksi eläimistä oli kuollut pian maahantulon jälkeen. Muut tuontidelfiinit palautettiin lähtömaahansa, ja delfinaarion toiminta lakkautettiin samana vuonna.

Tropicariumin johto tyrmäsi delfinaariosuunnitelman laajan ja äänekkään vastustuksen toteamalla, että altaisiin hankittavat delfiinit olisivat kaikki jo ennestään delfinaarioissa olleita ja vankeudessa syntyneitä. Luonnosta vangittujen delfiinien tuominen Euroopan Unionin alueella on nykylakien mukaan kiellettyä. 2010-luvun lopulla ja myös tätä nykyä eurooppalaisissa delfinaarioissa ja meriakvaarioissa on lähes 300 delfiiniä, joiden poikasia Tropicarium havitteli uuteen laitokseensa.

Suunnitelma herätti laajaa kansainvälistä huomiota, ja varsinkin *Dolphinaria-Free Europe* -järjestön vetoomukset suoraan Unkarin maatalousministerille sekä järjestön organisoima kansalaisadressi delfinaariota vastaan tehosivat. Syksyllä 2019 Unkarin maatalousministeriö ilmoitti, että maan lainsäädännössä voimassa oleva delfiinien pitokielto koskee nyt ja vastaisuudessa kaikkia yrityksiä, ja näin ollen Tropicariumin hankkeelle ei myönnetty lupaa.[68],[69]

Sirkuseläimet ja delfinaariot kiellettiin lopullisesti 2017

Uusimmista EU-maista Kroatia on ollut näkyvästi esillä eläinsuojelukysymyksissä. Viime vuosina varsinkin eläinhoitoloiden lupa tappaa löytöeläimiä on aiheuttanut paljon kiistelyä niin kansalaisjärjestöjen, tutkijoiden kuin poliitikkojen piirissä. Yli kymmenen vuoden kiivailun jälkeen maan parlamentti ratifioi viimein uusitun eläinsuojelulain lokakuussa 2017.

Laki suojaa kattavasti niin koti- ja lemmikkieläinten kuin villieläintenkin hyvinvointia. Paljon porua Kroatiassa ovat aiheuttaneet koirien ja kissojen myynti, jalostus ja pentutehtailu, joille laki asettaa ankaria rajoituksia. Villieläinten viihdekäyttö sirkuksissa kiellettiin jo vuosia aikaisemmin, mutta toimintaa on jatkettu lakipykälistä piittaamatta.

Uusitussa eläinsuojelulaissa karhujen ja muiden villieläinten esitykset sirkuksissa on yksiselitteisesti kielletty. Vastaavasti delfiinien pitäminen vangittuina on kiellettyä, joten niin delfinaariot kuin terapia- ja viihdetarkoituksessa järjestettävät delfiiniuinnit ovat kiellettyjä.

Vuonna 2006 Kroatian luonnonsuojelusta vastaava hallinto vahvisti kolmen vuoden määräajaksi *Mali Losinj* -delfiiniensuojelualueen. Merialueen merkitys eläimistölle on niin tärkeä, että suojelualueen vakinaistamisesta on tullut kansanliike, jota eläinsuojelujärjestön vetoomus ja kansalaisadressi ovat pitäneet julkisuudessa. Mali Losinj oli ensimmäinen delfiiniensuojelualue koko Välimerellä. Vuodesta 2014 merensuojelualue on ollut osa Euroopan Unionin *Natura 2000* -verkostoa.

Delfiinien asema on ollut yli vuosikymmenen ajan kiistanalainen ja häilyvä Kroatiassa. Vaikka maan lainsäädännössä on periaatteessa kielletty delfiinien sirkusesitykset sekä delfiiniuinnit, vielä vuonna 2007 maahan oltiin perustamassa uutta delfinaariota. Unkarilaisen sijoitusyhtiön *Aquamania*-hankkeen suunnitelmissa oli delfiinien tuominen Kuubasta. Hanketta vastustettiin voimakkaasti, ja myös maan kulttuuriministeriön luonnonsuojelusta vastaava direktoraatti esitti kielteisen lausunnon. Uuden delfinaarion perustaminen pysähtyi käytännössä siihen, että sijoituspaikaksi suunnitellun Vodnjanin pormestari ilmoitti, ettei kaupunki salli eettisesti kyseenalaisen laitoksen rakentamista tai toimintaa.

Vuoden 2007 alussa voimaan tullut – mutta toimijoille 10 vuoden siirtymäajan turvannut – eläinsuojelulaki kielsi villieläinten esiintymiset sirkuksissa. Tätäkin voimakkaammin eläinsuojelun puolesta toimivat 29 kroatialaisen kaupungin päättäjät, jotka kielsivät kaikkien eläinten viihdekäytön alueillaan toimivissa tai vierailevissa sirkuksissa. Kroatian eläinsuojelun toimeenpano on ollut kuitenkin puutteellista, ja vielä lain voimaantulon jälkeen villieläinten esiintymiset jatkuivat jopa pääkaupunki Zagrebissa toimivassa sirkuksessa.

Monipuolinen ja kaunis luonto on noussut Kroatian matkailuvaltiksi viime vuosina. Yksi luontomatkailun helmistä on mahdollisuus delfiinien tarkkailuun. Kroatian rannikkovesillä tavataan kautta vuoden parisataa pullokuonodelfiiniä. Paikalliset matkatoimistot ja retkien järjestäjät ovat tietoisia delfiinien haavoittuvuudesta, ja tarkkailumatkoja järjestetään merinisäkkäiden ehdoin. Toisin sanoen tarkkailijat eivät saa mennä lähelle (alle 200 metrin etäisyydelle) delfiinejä, eläimiä ei saa ruokkia, ja yksittäiset retket saavat kestää korkeintaan 30 minuuttia.[70]

Bulgariassa delfiini kuoli kesken esityksen

Uusi delfinaario suunnitteilla

Mustanmeren lomarannikot vetävät paljon turisteja erityisesti halpojen hintojen takia. Uimarantahoukutusten lisäksi vieraille on tarjolla toiminnallisempaakin ajanvietettä, josta vuonna 1984 perustettu *Festa*-delfinaario Varnassa on yksi suosituimmista. Tämä laitos – kuten käytännössä kaikki muutkin delfinaariot – ovat joutuneet julkisen arvostelun kohteeksi merinisäkkäiden hyväksikäyttöväitteiden takia.

Vaatimukset toiminnan lopettamiseksi ovat saaneet viime vuosina tuulta ainakin kuuden merinisäkkään menetysten, etenkin elokuussa 2019 kesken yleisöesityksen tapahtuneen nuoren delfiinin kuoleman takia. Eläinsuojelujärjestöt ovat nostaneet esiin delfinaarion olosuhteet, jotka avoimesti rikkovat niin Euroopan unionin kuin Bulgarian kansallisia säädöksiä.

Kasvaneesta massaturismin kritiikistä huolimatta turismielinkeino pyrkii laajentumaan eri osa-alueilla, myös delfinaarioiden toiminnassa. Vireillä onkin hanke uuden delfinaarion perustamiseksi Burgasiin, eli tutun Sunny Beach -lomakohteen lähelle. Suojelujärjestöt ovat vedonneet niin paikallisiin kuin kansainvälisiin eläinten ystäviin, jotta mahdollisimman monet esittäisivät Bulgarian ministereille ja paikallisille viranomaisille vetoomuksen delfinaariohankkeen pysäyttämiseksi jo ennen toiminnan käynnistymistä.[71],[72]

Venäjällä kansalaisvetoomus delfiinien puolesta

Venäjällä on toiminnassa toistakymmentä laitosta, joissa on valaseläimiä. Osa akvaarioista ja laitoksista palvelee suurvallan armeijaa, joka on kouluttanut delfiinejä ja maitovalaita sotilaallisiin erikoistehtäviin. Venäjä on ollut viime vuosina myös yksi harvoista maista, joissa valaseläinten vangitseminen meristä ihmisen hyväksikäytön välineiksi on sallittua. Asenteet delfiinejä ja valaita kohtaan ovat kuitenkin muuttumassa, kun järjestöt ja yksityiset kansalaiset ovat päässeet jakamaan tietoa eläinten elinolosuhteista.

Tiedotuskampanjan seurauksena Venäjän hallitukselle jätettiin heinäkuussa 2020 vetoomus merinisäkkäiden puolesta. Luonnonsuojelujärjestöjen käynnistämä ja yli 100’000 kansalaisen allekirjoittama vetoomus esitti, että maa kieltäisi merinisäkkäiden vangitsemisen viihdetarkoituksiin venäläisiltä merialueilta. Ennen koronapandemian aiheuttamaa akvaarioiden ja teemapuistojen pakkolomaa neljän venäläisen yrityksen toimesta vangittiin maan rannikkovesiltä 10 miekkavalasta ja 87 valkovalasta, jotka oli tarkoitus myydä Kiinaan akvaarioiden ja vesipuistojen esiintyjiksi.

Järjestöjen nostattaman julkisen kohun seurauksena viranomaiset keskeyttivät siirtohankkeen, ja merinisäkkäät jäivät kuukausiksi niin kutsuttuun ”valasmuseoon” odottamaan ratkaisua kohtalostaan. Lopulta Venäjän hallitus taipui vetoomusten ja painostuksen voimasta ja päätti merinisäkkäiden vapauttamisesta takaisin mereen keväällä 2019.

Vetoomus viihdekäyttöön hankittavien merinisäkkäiden vangitsemiskiellosta on ratkaisematta, mutta päätös näyttää epävarmalta. Venäjän hallituksen asiantuntijaelin asettui kannalle, ettei vangitsemiskieltoa tule saattaa voimaan. Näin siitä huolimatta, että Venäjän federaation luonnonvara- ja ympäristöministerinä 2018–2020 toimineen Dmitriy N. Kobilkin’in sanotaan asettuneen valaseläinten vangittuina pitämistä vastaan taannoisen valasmuseoepisodin aikana.[73]

7

Delfiinidraamaa USA:ssa

Yksittäisiä kieltoja monessa osavaltiossa

Yhdysvaltain lainsäädännössä ei ole koko liittovaltiota kattavia säädöksiä delfiinien tai valaiden vangitsemisesta, hallussapidosta tai hyväksikäytöstä viihdetarkoituksissa. Yksittäisiä rajoituksia ja kieltoja on osavaltiotasolla. Toisin kuin laitoksissa vangittuina olevilla merinisäkkäillä, luonnossa vapaina elävillä delfiineillä on kattava lain suoja. Vuonna 1972 voimaan astunut merinisäkkäiden suojelulaki (*Marine Mammal Protection Act*) kattaa kaiken kanssakäymisen ihmisen ja delfiinien ja muiden merinisäkkäiden kanssa.

Lain nojalla on kiellettyä kaikki sellainen toiminta, joka muuttaa delfiinien tai muiden merinisäkkäiden käyttäytymistä tai häiritsee tai vahingoittaa eläimiä. Säädöksen nojalla meressä olevan nisäkkään käyttäytymistä väistämättä muuttava uinti delfiinien kanssa on Yhdysvalloissa kiellettyä.[74]

Etelä-Carolinan osavaltiossa valaiden ja delfiinien pitäminen vangittuina ja hyväksikäyttö esityksissä kiellettiin jo 1980-luvulla. Vastaava kieltopäätös tuli voimaan Havaijin saariosavaltiossa Mauin saarella vuonna 2002. Kalifornian osavaltio on kieltänyt miekkavalaiden tuonnin ja/tai viennin osavaltiossa sekä merinisäkkäiden viihdekäytön. New Yorkin osavaltiossa ei ole delfinaarioita, mutta symbolisena ja esimerkillisenä ratkaisuna osavaltiosenaatti hyväksyi vuonna 2014 lain, joka kieltää miekkavalaiden ylläpidon akvaarioissa ja teemapuistoissa.[75]

Rajallisista kielloista ja rajoituksista huolimatta USA on yksi eniten merinisäkkäitä hyväksikäyttävistä valtioista. Vuoden 2019 tietojen mukaan Yhdysvalloissa oli noin 20 valasta ja yli 500 delfiiniä vangittuina ja viihdekäyttöön alistettuina.

Yksittäisistä delfinaarioista kuuluisimpia ja eniten yleisöä houkuttelevia ovat *SeaWorld* -teemapuistot Floridan Orlandossa ja Kalifornian San Diegossa. SeaWorld on joutunut maailmanlaajuista huomiota herättäneiden ongelmiensa takia muuttamaan käytäntöjään.[76]

Sea World luopuu delfiinisurffauksista

Delfinaarioiden näyttävimpiä esityksiä ovat jaksot, joissa eläinten kouluttajat käyttävät delfiinejä uivina alustoinaan. ”Surffausesityksissä” hoitajat seisovat vauhdikkaasti uivan delfiinin päällä pitäen kiinni eläimen selkäevästä. Toisessa yleisessä esitysmuodossa hoitaja seisoo delfiinin kuonon päällä. Vetävimmissä näytöksissä delfiini heittää hoitajansa korkealle ilmaan.

Paljon harjoitusta vaativat showt ovat varmasti maksavalle yleisölle mieleen, mutta delfiinien elämään tällainen toiminta ei mitenkään kuulu, ja siksi eläinsuojelijat ovat vastustaneet esityksiä voimakkaasti. Protestit ja vetoomukset ovatkin tuottaneet tulosta. Kun julkisuudessa on kerrottu hyväksikäytön delfiineille aiheuttamasta stressistä, maksavan yleisön kiinnostus on laantunut, ja tämä on saanut delfinaarioiden ylläpitäjiä harkitsemaan ohjelmistoaan uudelleen.

Luultavasti maailman tunnetuin merieläinesityksiä järjestävä teemapuisto Sea World on vuosien painostuksen jälkeen taipunut rajoittamaan osaa delfiinien kanssa tehtävistä tempuista. Helmikuussa 2020 Sea World ilmoitti, etteivät eläinten hoitajat vast'edes enää "lainelautaile" delfiineillä.

Näiden temppujen lopettamispäätöstä edelsi kansainvälisen eläinsuojelujärjestö PETA:n (*People for the Ethical Treatment of Animals*) vaatimus, jota järjestö vauhditti hankkimalla joulukuussa 2019 Sea Worldin osakkeita. Tavoitteena oli saada yrityksen omistajat päättämään kaikkien delfiinitemppujen kieltämisestä ja eläinten vapauttamisesta luontoon tai luonnonmukaisiin oloihin. Sea World reagoi jo ennen kesän 2020 yhtiökokousta raportoiden kieltäneensä delfiinisurfaukset välittömästi.

Sea Worldin virallisen kannanoton mukaan yritys toimii – ja on aina toiminut – eläinten hyvinvointia kunnioittaen, delfiinien parasta ajatellen sekä suunnitellen esitykset yleisön eläinsuojelutietoutta lisääviksi. Yhtiön julkilausuman mukaan "asioiden todellisesta luonteesta tietämättömien tahojen" kampanjoilla ei ole mitään tekemistä delfiiniesitysten sisällön muuttamisen kanssa. Mikä Sea Worldin motiivi lopulta onkin ollut, surffausten loppuminen on osavoitto delfiineille. Mutta vain osavoitto, sillä ahtaissa altaissa eläminen – ovat päivärutiinit millaisia tahansa, ei ole oikeaa delfiinin elämän.[77],[78]

Toinen hyvin paljon vastustusta herättänyt temppu, jossa eläintenhoitajat seisovat delfiinien kuonon päällä, jatkuu toistaiseksi, mutta tämänkin toiminnan Sea World lupaa lopettaa lähiaikoina. Vaikka yritys suostuu luopumaan näyttävistä tempuista, Sea World toteaa tiedotteessaan, ettei tällaisista esityksistä ole mitään haittaa delfiinien hyvinvoinnille tai terveydelle.

Sirkustemppujen sijasta yleisön koulutusta

Delfiinien pitämisestä Sea World ei luovu, mutta jatkossa yritys lupaa toiminnan keskittyvän sirkustemppujen sijasta kasvatuksellisiin esityksiin.

Sea Wordilla on teemapuistot Floridan Orlandossa, Teksasin San Antoniossa sekä Kalifornian San Diegossa. Sea World on ollut useimpien samanlaista toimintaa eri puolilla maailmaa harjoittavien vesieläinpuistojen tavoin jatkuvasti eläinsuojelujärjestöjen silmätikkuna. Ahtaissa, suljetuissa altaissa pidettävät suurikokoiset nisäkkäät ovat puistoissa kaikkea muuta kuin luonnonmukaisissa oloissa, ja älykkäille eläimille opetettavat sirkustemput korostavat järjestöjen mukaan eläinten hyväksikäyttöä ja riistoa.

Ikävintä julkisuutta Sea World on saanut vuonna 2010, kun Orlandon vesipuistossa esiintynyt *Tilikum*-niminen miekkavalas surmasi yhden hoitajistaan. Tilikum on noussut kansainvälisesti kuuluisaksi eläimen kohtaloista kertovan *Blackfish*-elokuvan (2013) myötä. Kielteisen julkisuuden seurauksena Sea World on sittemmin lopettanut miekkavalaiden esitykset ja eläinten kasvattamistoiminnan teemapuistoissaan.

Uutta tuulta purjeisiin vesieläinpuistojen vastustajat saivat vuoden 2020 alussa, kun maailmanlaajuinen COVID-19 -pandemia pakotti kaikkien muiden yleisötapahtumien lailla myös SeaWordin sulkemaan toimintansa. Jo vuosia – ja varsinkin Blackfish-kohun kiihdyttämänä – taloudellisista vaikeuksista ja heikentyneestä maineesta kärsinyt teemapuisto joutui lomauttamaan tai irtisanomaan peräti 90 prosenttia henkilökunnastaan. Taloudellisten ja hallinnollisten ongelmien syvyyttä kuvaa se, että viiden vuoden aikana neljä SeaWordin johtajaa on irtisanoutunut tehtävistään, ja yrityksen osakkeiden arvo aleni 33 prosentilla.[79]

Koronapandemian kärjistämä kriisi antoi eläinsuojelijoille tilaisuuden esittää entistä parempia perusteluja teemapuiston toiminnan muuttamisesta. PETA-eläinjärjestö esitti julkisesti tarjouksen maksaa 250 000 dollaria hankkeeseen, jossa SeaWordin valaille, hylkeille ja muille isoille merieläimille perustettaisiin luonnonmukainen suoja-alue. Siellä eläimet voisivat betonialtaiden sijasta sukeltaa syvälle meressä ja muutenkin noudattaa lajinmukaista käyttäytymistä, ja samalla niiden ravinnonsaannista ja terveydenhuollosta voitaisiin huolehtia.[80]

Koronapandemian takia lähes kaikki toiminta eläintarhoissa, delfinaarioissa ja teemapuistoissa joutui vähintäänkin kuukausien ajaksi tauolle, ja yleisötulojen loputtua alan taloudellinen kannattavuus romahti. Yhdysvalloissa eläintarhojen ja akvaarioiden etujärjestö *The Alliance of Marine Mammal Parks and Aquariums* haki liittovaltiolta yli 800 miljoonan dollarin talousapua.

Tähän vaatimukseen eläinsuojelujärjestöt tarttuivat. 19 järjestön yhteisessä vetoomuksessa vaadittiin delfinaarioilta ja teemapuistoilta rahoitusavun vastineeksi sitoumusta siitä, että merinisäkkäiden kasvatus ja valaseläinten tuonti ulkomailta lopetetaan. Liittovaltion kongressille osoitetussa vetoomuksessa myönnetään eläintarhojen ja akvaarioiden oikeutus ja merkitys tiettyjen eläinlajien suojelun ja hyvinvoinnin puolesta, mutta samalla järjestöt muistuttavat tarpeesta rajoittaa tarpeettomia ja eläimille haitallisia toimintoja.[81]

Sea Worldin miekkavalaan kuolema arvoitus

Kooltaan suurin delfiini, miekkavalas (*Orcinus orca*) on vesiteemapuistojen vakioasukas – ja usein näyttävimpien temppujen tähtiesiintyjä. Pelottavasta nimestään (englanniksi Killer whale eli tappajavalas) miekkavalas on sosiaalista yhteisöelämää viettävä merinisäkäs, jonka lajityypilliseen käyttäytymiseen kuuluvat pitkät, jopa yli sadan kilometrin päiväkohtaiset uintimatkat sekä ryhmänä toteutettu kalaparvien saalistus. Delfinaarioiden ahtaissa altaissa miekkavalaat eivät voi toteuttaa näitä lajityypillisiä perusvaatimuksia, mikä aiheuttaa paitsi stressiä myös fyysisiä vammoja ja pahimmillaan muun muassa urosten selkäevän surkastumisia. Dramaattiselta kuulostava surkastuminen johtuu siitä, etteivät vangitut delfiinit pääse koskaan uimaan pitkiä matkoja suoraan eteenpäin.

Sosiaalisten merinisäkkäiden ahtaminen alimittaisiin altaisiin johtaa valitettavan usein myös aggressiiviseen käyttäytymiseen, joka voi kohdistua ihmisiin (eläinten hoitajiin) ja myös lajitovereihin. Ihmisen kannalta vakavimmissa tapauksissa miekkavalaat ovat vahingoittaneet ja pahimmillaan tappaneet eläintenhoitajia.

Sopeutumattomuus ahtaisiin altaisiin heijastuu miekkavalaiden stressinä ja vammoina, joista seuranneita eläinten kuolemantapauksia raportoidaan teemapuistoista ja delfinaarioista valitettavan usein. Monesti kuolemansyyt tunnistetaan ja voidaan selittää – ei silti useinkaan ymmärtää. Sea Worldin San Diegon delfinaariossa elokuussa 2021 menehtyi 6-vuotias miekkavalas *Amaya* (suomeksi Yösade), jonka kuolemansyytä ei pystytty selvittämään. Teemapuiston laatimissa muistokirjoituksissa Amayaa kuvattiin yhdeksi leikkisimmistä ja suosituimmista delfiineistä, joka olemuksellaan opetti paljon merinisäkkäiden elintavoista ja poikasten kehitysbiologiasta.

Dolphin Project -suojeluorganisaatio tulkitsee tilannetta hieman toisin todeten kuoleman opettaneen ainoastaan sen, ettei miekkavalaita pidä vangita altaisiin. Amaya ei ole suinkaan ainutlaatuinen tapaus. Sea Wordin altaissa on kuollut vuosien varrella ainakin 40 miekkavalasta. Luonnossa miekkavalaat ovat pitkäikisiä ja voivat saavuttaa ainakin 70 vuoden iän. Vanhin tunnettu miekkavalas, *Granny*, eli yli 100-vuotiaaksi.

Amayan kuoleman jälkeen Sea Worldin neljään toimipaikkaan jäi vielä 19 miekkavalasta, joiden vapauttamista luonnonmukaisille suojelualueille järjestöt vaativat.[82]

Seaquariumin synkkä vuosi: kuusi kuolemantapausta

Yhdysvaltain ”aurinko-osavaltion” Floridan talouselämä nojaa paljolti turismiin, ja monien vieraiden tärkeimpiä käyntikohteita ovat Disneylandin ohella monet vesipuistot ja teemapuistot. Miamin keskustan edustalla olevalla Virginia Keys -saarella toimiva *Miami Seaquarium* vetää vuosittain jopa puoli miljoonaa vierasta. Puiston tunnetuin osa on vesipuisto, jonka delfinaariot tunnettiin 1960-luvulla kautta maailman erittäin suositun koko perheen tv-sarja Flipperin ansiosta. Tätä nykyä Seaquarium on noussut otsikoihin aivan päinvastaisen maineen takia. Puisto on menettänyt tärkeimpiä vetonaulojaan merinisäkkäitä epäilyttävän paljon ja hämmästyttävän lyhyin väliajoin.

Kuolemantapaukset ovat saaneet myös liittovaltion keskusviraston, *Valtamerten ja ilmaston tutkimuslaitoksen (National Oceanic and Atmospheric Administration*; NOAA) huomiota. Viiden delfiinin ja yhden merileijonan odottamattomat kuolemantapaukset Seaquariumissa vain yhden vuoden kuluessa ovat poikkeuksellisia, mikä osoittaa puiston olosuhteissa vakavia puutteita.

Aikuisista delfiineistä ainakin kaksi menehtyi altaissa saamiinsa vammoihin, joiden aiheuttajina ovat mitä ilmeisimmin väkivaltaiset kohtaamiset muiden delfiinien kanssa. Yksi delfiineistä menehtyi synnynnäisiin epämuodostumiin, ja toisen kohtaloksi koitui hukkuminen eläimen tartuttua altaiden keskelle asennettuun verkkoon. Seaquariumin delfiinejä on kuollut vammoihin aikaisemminkin, ainakin vuosina 2012 ja 2015. Tapauksia tarkastanut NOAA:n asiantuntija raportoi Seaquariumin väkivaltaisista kuolemantapauksista ja vesipuiston merinisäkkäiden olosuhteista liittovaltion maatalousministeriölle.

Ainakin paikallisen myrskyn sai aikaan liittovaltion viranomaistarkastuksessa mainittu tieto, että Seaquariumissa on syötetty delfiineille ja Lolita-miekkavalaalle mädäntynyttä kalaa.[83]

Seaquariumin vetovoima on kovaa valuuttaa turismielinkeinossa, ja puisto kiinnostaa alan sijoittajia. Vuoden 2021 aikana raportoitiin meksikolaisen *Dolphin Company* -yrityksen ostaneen Seaquariumin. Tämä yritys on osa espanjalaista, eri puolilla maailmaa delfinaarioita omistavaa suuryritystä. Uuden omistajan hallinnassa Seaquariumin toiminnoissa tai olosuhteissa ei odoteta tapahtuvan muutoksia, joten delfiinien ja merileijonien ahdinko ei helpotu ainakaan lähitulevaisuudessa.

PETA (*People for the Ethical Treatment of Animals*) ja muut eläinsuojelujärjestöt ovat kampanjoineet jo vuosia Seaquariumin kurjia olosuhteita vastaan. Yleisesti on vaadittu merinisäkkäiden siirtämistä luonnonmukaisiin oloihin jollekin suojelualueelle, jossa nisäkkäiden hyvinvoinnista huolehdittaisiin tarvittaessa eläinten vuosikausien ajan noudattamien käytäntöjen mukaan.[84]

Huono kohtelu muutti miekkavalaan tappajaksi

Yksi tunnetuimmista turismin palvelukseen valjastetuista villieläimistä on Floridan *Sea World* -vesieläinpuiston suurimpana vetonaulana vuosikausia toiminut miekkavalas *Tilikum*. Poikkeuksellisen suurikokoinen miekkavalas (*Orcinus orca*) vangittiin emonsa ja ryhmänsä joukosta Atlantilla, ja aluksi eläintä pidettiin, koulutettiin ja käytettiin näytöksissä Kanadan British Columbiassa. Uudessa kodissaan Tilikum aiheutti ongelmia aggressiivisuudellaan, ja epäilyttävissä oloissa tapahtuneen eläintenhoitajan kuolemantapauksen jälkeen miekkavalas siirrettiin Floridan Sea Worldiin, maailman luultavasti tunnetuimpaan vesieläinpuistoon.

Floridassa Tilikum saavutti suurta suosiota, ja myös eläimen hoitajat kiintyivät jättikokoiseen urokseen. Puistossa miekkavalaita kohdeltiin kaltoin. Jokapäiväisten esitysten ulkopuolisen ajan miekkavalaat pidettiin ahtaissa, pimeissä altaissa, joissa suuret ja luonnossa laajalla alueella elävät nisäkkäät eivät päässeet edes kunnolla liikkumaan. Lisäksi miekkavalaita pidettiin nälässä. Tilikumin ongelmallisen, hoitajilleen hengenvaarallisen ja oikullisen käyttäytymisen on tulkittu johtuneen eläimen huonosta, lajille luonnottomasta kohtelusta vankeudessa.

Koulutuksen ja jopa yleisön edessä esitysten aikaan Tilikum poikkesi harjoitellusta ohjelmasta, ja oikullisella käytöksellään eläin on aiheuttanut ainakin kolmen hoitajansa kuoleman. Aluksi kanadalaisen puiston ja sittemmin SeaWordin omistajat ja hoitajat pimittivät kuolemantapausten yksityiskohdat, ja julkisuudessa tragediat selitettiin onnettomuuksina.

Maailmanlaajuisesti paljon julkisuutta saavuttanut, Gabriela Cowperthwaiten vuonna 2013 ohjaama ja käsikirjoittama elokuva *Blackfish* kertoo järkyttävän tarinan Tilikumin ja muiden vesipuistojen miekkavalaiden kohtaloista ja luonnostaan sosiaalisten merinisäkkäiden julmasta kohtelusta. Blackfish on alkuperäiskansojen antama nimi miekkavalaalle.

Ongelmista huolimatta Sea World jatkoi Tilikumin esityksiä, mutta lyhyiden näytösten ulkopuolisen ajan uros eli eristettynä muista eläimistä. Vaikka vesipuiston omistajien on täytynyt tietää ja tunnistaa ongelmat, Tilikumia pidettiin Sea Worldissa erityisen arvokkaana siitoseläimenä. Lopulta jopa yli puolet Sea Wordin miekkavalaista kantoi Tilikumin geenejä, mikä on jälkikäteen aiheuttanut oikeutettua ihmetystä. ”Miksi tappajaksi todetun eläimen geenien voitiin antaa levitä koko populaatiota hallitseviksi?”[85]

Kriittinen ja delfinaarioalan brutaalit käytännöt kaunistelematta paljastanut Blackfish-dokumentti muutti luontoelokuvien tyylilajia pysyvästi. Elokuva on noussut luontodokumenttien suunnannäyttäjäksi, joka ohjaa kansainvälisten tuotantojen käsittelytapaa. Elokuvan merkitystä on tutkittu myös tieteellisesti. Kesällä 2021 julkaistu, Oxfordin yliopistossa hyväksyttyyn Laure Boissatin opinnäytetutkimukseen perustuva analyysi osoittaa 15 eri syytä, joilla Blackfish vaikutti niin SeaWorldin kuin koko delfinaarioalan taloudelliseen tulokseen sekä laitosten suhtautumiseen hallinnassaan oleviin eläimiin ja eläinesitysten muuttumiseen kansalaisten luontotietoutta lisääviksi esittelyiksi.

Elokuvan kokonaisvaltainen vaikutus on jättänyt elämään maailmanlaajuisesti tunnetun ja käytettävän termin *Blackfish-vaikutus* (*Blackfish Effect*).[86]

Yleisön rakastama ja ihailema Tilikum kuoli tammikuussa 2017 ilmeisesti 36-vuotiaana. Samaan aikaan San Diegon Sea

World ilmoitti lopettavansa miekkavalaiden näytökset. Eläinten julma kohtelu, luonnottomien käyttäytymistapojen opettaminen ja lopullisena niittinä eläintenhoitajien kuolemantapaukset ovat saaneet kansainväliset matkanjärjestäjät vaatimaan miekkavalas- ja delfiininäytösten kieltämistä. Tunnetuimpien organisaatioiden lopetettua matkojen välittämisen ja markkinoinnin Sea Wordiin vesipuistojen suosio ja kävijämäärät ovat pudonneet.

Ministeriö vahvistaa puutteet – toiminta jatkuu

Miami Seaquariumin toiminnan puutteet ovat olleet tiedossa jo vuosikausia, ja myös viranomaiset ovat vaatineet merinisäkkäiden olosuhteisiin parannuksia. Lupauksista huolimatta laitoksen delfiinit ja jo vuodesta 1970 vangittuna ollut ja jatkuviin sirkusesityksiin valjastettu miekkavalas Lolita elävät puutteellisissa oloissa.[87]

Yhdysvaltain maatalousministeriön asiantuntijoiden tarkastukset Seaquariumissa kesä- ja heinäkuussa 2021 osoittivat rakenteiltaan vanhentuneen ja ahtaan laitoksen puutteiden olevan jopa pelättyä laajempia. Ministeriön tarkastuksessa mainittiin epäkohtina ainakin seuraavat:

- ahtaissa altaissa pidetään yhdessä eläimiä, jotka eivät tule toimeen keskenään. Seurauksena on eläinten vammautumisia ja pahimmillaan kuolemantapauksia
- altaiden veden vaihto on puutteellista, mikä lisää bakteerien ja levien määrää

- merinisäkkäille syötetään huonolaatuista, jopa pilaantunutta kuollutta kalaa, mikä vaarantaa eläinten terveyttä
- vangittuja eläimiä ruokitaan liian harvoin, mikä on aiheuttanut aliravitsemusta ja nestehukkaa
- miekkavalas Lolitalla teetetään eläimelle sopimattomia ja vaarallisia temppuja.

Arizonassa neljä delfiiniä kuoli kahdessa vuodessa

Yhdysvaltain Arizonan osavaltiossa, Scottsdalen kaupungin liepeillä toimivassa *Dolphinaris Arizona* -teemapuistossa päädyttiin toiminnan keskeytykseen vuonna 2019, kun kaksi delfinaariossa pitkään elänyttä delfiiniä menehtyi lyhyen ajan sisällä. 22-vuotias pullokuonodelfiini kuoli vain kaksi kuukautta sen jälkeen, kun 11-vuotias ja kuusi vuotta loisten aiheuttamasta taudista kärsinyt delfiini oli menehtynyt. Delfinaariossa on kuollut neljä delfiiniä kahdessa vuodessa.

Viimeisimpien kuolemantapausten jälkeen meriakvaarion toiminta keskeytettiin, jotta asiantuntijat pääsivät tarkastamaan laitoksen ja altaiden veden kunnon. Tarkastuksen perusteella delfinaario katsoi voivansa aloittaa merensuojelua edistävään koulutukseen perustuvan toiminnan uudelleen ”uuden konseptilla, jossa ei ole enää delfiinejä”.

Laitoksen neljä eloon jäänyttä delfiiniä siirrettiin Yhdysvaltain Neitsytsaarilla toimivaan *Coral World Ocean Park* -keskukseen, vasta perustetulle *St. Thomas Sea Sanctuary* -suojelualueelle.

Omistajien mukaan eläinlääkärit ja delfiiniasiantuntijat seuraavat ja arvioivat delfiinien kuntoa ja terveyttä säännöllisesti täällä 21 000 neliömetrin laajuisissa ja luonnonmukaisissa valtamerioloissa. Delfiinien hyvinvoinnista luvattiin huolehtia, ja nisäkkäiden sosiaalisuutta kunnioitetaan pitämällä kaikki neljä siirrettyä delfiiniä yhdessä jatkossakin. Dolphinaris Arizonan sulkeminen vuonna 2019 oli hallinnollisesti vain tilapäinen, mutta laitoksen omistajat kertovat delfiinien pidosta luopumisen olleen lopullinen. Eli delfiinejä ei enää Scottsdalessa nähdä.[88]

St. Thomasin suojelualuestatus on ainakin eläinsuojelujärjestöjen mukaan vain nimellinen, eivätkä merelliset olosuhteetkaan vastaa lupauksia. Ulkopuoliset tarkkailijat arvioivat, että uusiin oloihin sopeutumisajan jälkeen delfiinit alistetaan taas ihmisten kohtaamiseen, myös delfiiniuinteihin, jollaisiin eläimet olivat tottuneet jo Arizonassa. *Dolphin Project* -organisaation arvion mukaan St. Thomasissa delfiinit altistetaan vaarallisille ihmiskontaktien aiheuttamille sairastumisriskeille.

Lisäksi suojelualue sijaitsee alueella, jolla troppiset hirmumyrskyt ovat pysyvänä vaarana, ja kaiken kukkuraksi lähellä rantaa sijaitsevan valtamerialueen veden hygieenistä laatua heikentävät usein toistuvat saastuneen veden valumat maalta. Lahden vesi on todettu ihmisstandardein määriteltynä uimakelvottomaksi lähes viisi kuukautta vuodessa.[89], [90]

8

Kanadan tärkeä "Free Willy -laki"

Delfiinien vangittuina pitämisen kielto

Vuosia jatkunut epätietoisuus valaiden, pyöriäisten ja delfiinien ylläpitämisestä ja kasvattamisesta Kanadassa sai viimein ratkaisun kesäkuussa 2019, kun maan parlamentin alahuone päätti kieltää valaiden ja delfiinien vangittuina pitämisen. Kieltoon johtaneen lakialoitteen teki senaattori Wilfred Moore jo vuonna 2015, mutta vasta nelisen vuotta myöhemmin asia ratkaistiin. Maan senaatti hyväksyi suositun elokuvan mukaan "Free Willy -laki" -nimellä tunnetun ehdotuksen jo vuonna 2018.

Onnistumiseen on tarvittu paljon työtä niin poliittisilta päättäjiltä, viranhaltijoilta, tutkijoilta, tiedotusvälineiltä, kansalaisjärjestöiltä kuin yksityisiltä kanadalaisiltakin. Merinisäkkäiden vangitsemisen, kasvatuksen ja vangittuina pitämisen kieltävän lain sanotaan olevan kestoajaltaan Kanadan lainvalmistelun historian pisin hanke.

Päätöksentekohetkellä Kanadassa oli delfiinejä kahdessa laitoksessa – *Vancouver Aquarium* -laitoksessa sekä *Marineland*-teemapuistossa Ontarion Niagara Fallsissa. Näihin eläimiin parlamentin kieltopäätös ei vaikuta, ja jo laitoksissa olevat eläimet saavat jäädä entisiin tiloihinsa, mutta uusia yksilöitä ei voida rekrytoida. Suurten vesinisäkkäiden pito- ja kasvatuskiellossa on vain yksi poikkeus: Luonnossa vahingoittuneet tai muuten erityistä huolenpitoa vaativat eläimet saadaan vangita ja hoitaa tarvittavan ajan suljettuina laitoksiin.

Kiellon rikkomuksista voidaan langettaa enimmillään 200‘000 Kanadan dollarin sakko.

Kiellon vaikutukset vaihtelevat. Vancouver Aquarium ilmoitti lopettavansa valaiden ja delfiinien esitykset yleisölle. Laitoksessa oli tuolloin vain yksi delfiini. Marinelandin toiminnoille kielto merkitsee ratkaisevaa muutosta. Teemapuistossa oli 55 maitovalasta (beluga whale), yksi miekkavalas (orca) sekä viisi delfiiniä.[91],[92]

9

Suojelua Latinalaisessa Amerikassa

Mexico City vapautti delfiinit 2018

Koko maassa ainakin 40 delfinaariota

Keskiamerikkalaisen Meksikon pääkaupunki osoittaa eläinten suojelussa esimerkkiä tasavallan muille osille sulkemalla suositut vesieläinkohteensa. Mexico City vahvisti heinäkuussa 2018, että kaupungissa toimivien delfinaarioiden on lopetettava eläinesitykset, ja vankeudessa pidetyt merinisäkkäät määrättiin vapautettaviksi kuuden kuukauden kuluessa päätöksestä.

Altaissa vangittuina pidettyjen delfiinien sirkusesitysten kiellon lisäksi Mexico Cityn päätöksellä lopetettiin myös niin paikallisten kuin turistienkin suosimat delfiiniuinnit.

Meksiko on yksi delfiinejä viihdekäytössä hyödyntävien – monien mielestä riistävien – laitosten suurimmista toimijoista. Maassa toimii noin 40 delfinaarioita, joissa on vähintäänkin kymmeniä delfiinejä. Toiminta keskittyy varsinkin maan eterärajalla, Jucatanin niemimaan Quintana Roo -osavaltioon, jossa on pienellä alueella 19 delfinaariota. Tällä alueella sijaitsevat muun muassa turismista täysin riippuvaiset Cancun ja Playa del Carmen.

Mexico City on osoittanut ymmärrystä eläinten hyvinvointia kohtaan jo aiemminkin. Vuonna 2014 pääkaupunki kielsi villieläinten esitykset sirkuksissa. Koko Meksikossa vastaava kielto saatettiin voimaan hieman myöhemmin.[93],[94]

Bolivia edelläkävijänä delfiinikielloissa

Saattaa tuntua yllättävältä, että ensimmäinen valtio koko maailmassa, jossa kiellettiin kaikkien eläinten käyttö sirkusten ja muiden julkisten näytösten esiintyjinä, oli eteläamerikkalainen Bolivia. Maan hallitus vahvisti heinäkuussa 2009 tällaisen täyskiellon, jonka perustana oli eläimiin kohdistunut julma kohtelu. Eläimiä ylläpitäville ja käyttäville tahoille annettiin lain voimaantulosta yksi vuosi aikaa luopua eläinten esityksistä.

Eläinnäytösten kieltoon johtanut lainsäädäntö, kun brittiläinen *Animal Defenders International* -järjestö oli paljastanut laajaa eläinten hyväksikäyttöä ja riistoa Bolivian sirkuksissa. Erityiseksi Bolivian päätöksen tekee eläintensuojelun kattavuus. Monet maat olivat jo aikaisemmin kieltäneet villieläinten sirkusesiintymiset, mutta Boliviassa kielto koski kaikkia eläimiä, myös tavallisia kotieläimiä.

Lain voimaan tullessa bolivialaisilla sirkuksilla oli noin 50 esityksissä käytettävää eläintä. Lakiin kirjattiin myös säädöksiä, joiden nojalla pyrittiin estämään toimijoita tappamasta esityskieltoon joutuneita eläimiään. Kiistatapausten varalta lakiin sisällytettiin mahdollisuus, että valtio takavarikoi sirkuksista vapautuneita eläimiä.[95]

Chilessä ja Costa Ricassa rauhoitus delfiineille 2005

Lokakuussa 1999 Chilen hallituksen alainen, kalastusasioista vastaava virasto poisti delfiinit niiden eläinlajien luettelosta, joita saa laillisesti tuoda maahan. Tavoitteena oli kieltää valaiden ja delfiinien vangittuina pitäminen ja käyttö viihdetarkoituksissa. Lisäksi määräyksillä kiellettiin valaiden ja delfiinien pyydystäminen Chilen aluevesiltä.

Virastotason määräyksiä vahvistettiin tammikuussa 2005, kun Chilen hallitus vahvisti lain, joka kieltää valaiden, delfiinien ja pyöriäisten vangitsemisen ja maahantuonnin eläinten esityksiin tai mihinkään muuhun ihmisten harjoittamaan eläinten hyväksikäyttöön.

Costa Rican hallituksen heinäkuussa 2005 vahvistamalla päätöksellä "kielletään jyrkästi" merinisäkkäiden pyydystäminen ja tappaminen, delfiinien ja muiden merinisäkkäiden vangittuina pitäminen sekä eläinten koskettaminen tai ruokkiminen.

Eläinten parasta ajatellen lakiin sisällytettiin myös poikkeuspykälä, jonka nojalla peruuttamattomasti sairaan tai vammautuneen merinisäkkään voi merellä tai maalla vangita, ravita ja lääkitä tai ääritapauksessa lopettaa. Poikkeustoimenpiteet ovat sallittuja asianmukaisen viranomaisen toimesta ja vain eläinlääkärin tutkimuksen ja toimintapäätöksen nojalla.

Merinisäkkäillä aika ajoin tavattavaa eläinten rantautumista varten lakiin on lisätty mahdollisuus vangita ja ottaa huostaan huonokuntoisia eläimiä, joita voidaan hoitaa maksimissaan vuoden ajan ennen eläinten vapauttamista takaisin luontoon.

Kaikkiin toimenpiteisiin ryhtymisessä on oltava asiantuntevan eläintieteilijän ja eläinlääkärin toimenpidettä puoltava päätös. [96]

Nicaraguassa delfiineille täysrauhoitus ikiajoiksi

Keskiamerikkalainen Nicaragua liittyi delfiinien suojelijoihin helmikuussa 2003 sen jälkeen, kun maan rannikkovesiltä oli kansainvälisen yhteistyön ansiosta pelastettu kaksi delfiiniä. Tuolloin maan ympäristöministeri Jorge Salazar Cardenal osallistui operaatioon ja vakuuttui suojelujärjestöjen ja merinisäkkäiden hyvinvoinnin tärkeydestä.

Nicaraguan sitoutumisen delfiinien suojeluun vahvisti ministeri Salazarin kirje *World Society for the Protection of Animals* -järjestölle. Kirje vakuutti, että Nicaragua kieltää pullokuonodelfiinien vangitsemisen ja hyväksikäytön, ja että merinisäkkäät ovat maan lainsäädännön nojalla täysin rauhoitettuja.[97]

Argentiinassa tuontidelfiinien kuolema johti kieltoon

Huonot kokemukset ulkomailta tuotujen delfiinin ylläpidosta johtivat siihen, että Argentiinassa kiellettiin delfinaariot 1990-luvulla. Kieltoon päädyttiin, kun alkujaan Mustaltamereltä kotoisin olleet 12 delfiiniä kaikki kuolivat ennenaikaisesti vankeudessa ollessaan. Tämän jälkeen viranomaiset kielsivät pysyvästi delfiinien maahantuonnin.

10

Aasian jättiläiset eri suuntiin

Delfinaariokielto Intiaan vuonna 2013

Intialaiset saavat ihailla delfiinejä vain luonnossa, mutta onneksi heidän rannikoillaan ja joissaan vielä riittää näitä maan kansallisia vesieläimiä. Delfiinien ja muiden valaansukuisten vesinisäkkäiden kiinni ottaminen ja pitäminen näyttely- tai esiintymistarkoituksissa on Intiassa kiellettyä.

Maan ympäristö- ja metsäasioista vastaava ministeriö vahvisti toukokuussa 2013, että delfiinejä ja vastaavia vesinisäkkäitä on pidettävä henkilöinä (englanniksi *non-human persons*), koska nämä eläimet ovat erittäin älykkäitä. Luonnossa tavattavista eläimistä kaksi delfiinilajia oli rauhoitettu luonnonsuojelulailla (*Indian Wildlife Protection Act*) jo vuonna 1972. Delfinaario-esitysten kieltämisen perusteluissa mainittiin myös vuonna 1960 voimaan astunut laki, joka kieltää kärsimyksen aiheuttamisen eläimille (*Prevention of Cruelty to Animals Act*).

Lausunnollaan ministeriö ilmoitti, ettei minkäänlaisia delfinaarioita tai muita vastaavia valaan sukuisia vesinisäkkäitä ylläpitäviä laitoksia hyväksytä, eikä sellaisille saa rakennus- tai toimilupia Intian osavaltiossa. Päätös pakotti yrityksiä ja eri osavaltioiden hallintoviranomaisia luopumaan useista hankkeista. Muun muassa Sindhudurgin linnakesaarelle Maharastran osavaltion rannikolle oli suunnitteilla *Sea World* -vesipuisto, ja Keralan osavaltioon perustettavan delfinaarion hanke oli jo pitkälle edennyt.

Ympäristö- ja metsäasioiden ministeriön lausunto korostaa, että on moraalitonta pitää delfiinejä tai muita valaan sukuisia eläimiä vankeudessa vain ihmisten huvittamiseksi. Vankeudessa nämä ”henkilöiksi” luokiteltavat eläimet stressaantuvat ja niiden käyttäytyminen muuttuu, mikä vaarantaa eläinten hyvinvoinnin. Ja kuten odottaa saattaakin, eläinsuojelujärjestöt ottivat päätöksen ilolla vastaan.

Delfinaarioasia ei ollut uusi Intiassa, sillä jättivaltion eteläisessä Tamil Nadun osavaltiossa, suurkaupunki Chennaissa oli toiminnassa *Dolphin City* -huvipuisto 1990-luvun lopulla. Laitokseen saatiin neljä delfiiniä Bulgariasta, mutta näiden kohtalo oli julma. Kaikki delfiinit kuolivat alle puolessa vuodessa.

Chennain tragedia nostatti voimakkaan vastustuksen delfinaarioita kohtaan, mutta merinisäkkäiden vangittuina pitämisen ja delfiiniesitysten kieltoa piti odottaa vielä yli vuosikymmen.[98]

Turismielinkeinokin pystyy delfinaarioiden kieltopäätöksen nielemään, ja yrittäjät noudattavat kaikkia ministeriön sääntöjä Sea World -hankkeissa ja vastaavissa. Ja näkeehän delfiinejä runsaasti merenrannikon vesissä, joten ei niitä tarvitse vangita, totesi Maharastran osavaltion turismielinkeinon harjoittajien kattojärjestön puheenjohtaja *The Times of India* -sanomalehden haastattelussa 23.5.2013.

Delfiini valittiin vuonna 2009 Intian kansalliseksi vesieläimeksi. Varsinainen Intian kansalliseläin on bengalintiikeri (*Panthera tigris tigris*), ja siivekkäiden joukosta kansallislinnuksi on valittu riikinkukko (*Pavo cristatus*). Intialle ominainen on gangesindelfiini (*Platanista gangetica*), jonka kokonaiskannasta valtaosa elää pyhäksi joeksi julistetussa Ganges-virrassa. Jokidelfiinejä tavataan myös toisessa itäisen Intian valtavirrassa, Brahmaputra-joessa.

Intialaiset sisävesien delfiinit ovat lain nojalla rauhoitettuja, mutta niitä pyydetään silti salaa. Paljon delfiinejä menehtyy vahingossa kalanpyydyksiin, ja vesinisäkkäiden kohtaloksi ovat koituneet myös suuret ympäristömuutokset kuten jokien ruoppaukset ja patoamiset. Intian delfiinikanta on köyhtynyt noin 100 yksilön vuosivauhdilla. Delfiinin tappamisesta tai delfiinin osien hallussapidosta kiinni jääneitä uhkaa mittavien sakkojen lisäksi 1–6 vuoden vankeustuomio. Tätä nykyä on jäljellä noin 2 300 yksilöä.

Kansallisen vesieläimen statuksen saaneiden delfiinien suojaksi on vahvistettu 10-vuotinen ohjelma, joka vastaa tiikerien suojaksi laadittua *Project Tiger* -ohjelmaa. Kansainvälisen luonnonsuojeluliiton (IUCN) niin kutsutun punaisen kirjan luokituksessa gangesindelfiini on luokassa erittäin uhanalainen.[99]

Yli 50 delfinaariota ja uusia rakennetaan jatkuvasti

Delfinaarioiden vastustuksen voimistuessa eri puolilla maailmaa yksi maa kulkee vastakkaiseen suuntaan. Taloudelliseksi mahdiksi kohonnut, maailman väkirikkain valtio Kiina panostaa myös turismiin, ja matkailijoiden houkutuksiksi rakennetaan teemapuistoja ja myös delfinaarioita.

Laillisesti hankittujen ja vankeudessa elämiseen tottuneiden delfiinien tarve on Kiinassa suuri, ja kysyntä varmasti kasvaa lähivuosina nopeasti. Manner-Kiinassa on tätä nykyä varmasti jo yli 50 toiminnassa olevaa ja/tai rakenteilla olevaa delfinaariota aikana, jolloin lähes koko muussa maailmassa delfinaariot ovat taloudellisissa vaikeuksissa ja yleisön arvostelemia.

Jotta luvaton delfiinien vangitseminen meriltä vähenisi ja lakkautettujen laitosten eläimet saataisiin sijoitetuiksi turvallisesti muualle, Kiina on noussut varteen otettavaksi vaihtoehdoksi. Ongelmana kuitenkin on se, että Euroopassa ja muualla lopetettavien delfinaarioiden eläinten tahdottaisiin saavan loppuiäkseen vapautuksen sirkustemppuilusta, mutta siirto Kiinaan todennäköisesti vain vaihtaisi esiintymisareenaa toiminnan pysyessä entisen kaltaisena.

Kiinan kasvavan delfinaariobusineksen odotukset ovat suuret, mutta ala kyllä tunnustaa eläinsuojelun puolelta tulevat paineet. Kiinalaiset alan yrittäjät ovatkin liittoutuneet sekä kansallisten että kansainvälisten eläintensuojelujärjestöjen ja eläintieteellisten tutkimuslaitosten kanssa taatakseen mahdollisimman läpinäkyvän tarkastelun niin delfinaarioiden rakentamisessa kuin merinisäkkäiden saavuttua uusiin altaisiinsa. *China Cetacean Alliance* -ryhmittymään on saatu mukaan delfinaarioyrittäjien avuksi muun muassa maailmanlaajuisesti näkyvää valaidensuojelutyötä tekevät *Born Free*-, *Whale and Dolphin Conservation Society*- ja *Marine Connection* -järjestöt.[100]

Israelissa delfinaario kaatui talousvaikeuksiin

Israelin talouselämän keskuksessa ja tärkeässä kansainvälisen turismin kohteessa, Välimeren rantakaupungissa Tel Avivissa paikallisten ja eteläafrikkalaisten rahoittajien yhteishankkeena perustettiin vuonna 1981 *Blue and White Disneyland* -nimellä toiminut delfinaario, joka oli osa laajaa vapaa-ajanviettokeskusta. Sijoitus näytti onnistuneelta, sillä delfinaario oli rantalomakohteessa suuri menestys. Yrittäjät kertoivat pääsylipputulojen kattaneen koko projektin rakennuskustannukset jo noin kuukauden toiminnan jälkeen.

Toiminta jäi kuitenkin lyhytaikaiseksi, kun ulkomaiset, rikollisista toimistaankin tunnetut rahoittajat vetäytyivät hankkeesta. Jälkikäteen on arvioitu, että delfinaario ja muut keskuksen liiketoimet olivat keino rikollisen rahan pesuun ja voittojen siirtämiseen ulkomaille. Vieraiden sijoittajien vetäydyttyä delfinaarion toiminta kävi mahdottomaksi, ja merinisäkkäät siirrettiin ulkomaille. Eläinten hyvinvoinnista ei osattu huolehtia, ja pois siirrettyjen delfiinien kerrotaan menehtyneen varsin pian Israelista lähdettyään. Delfinaarion toiminta loppui vain neljän vuoden jälkeen vuonna 1985.[101]

Delfiinien vangitsijat oikeuteen Bahrainissa

Neljä miestä vangittiin ja vietiin kesäkuussa 2021 syytettyinä oikeuteen Bahrainissa, kun merivartiosto oli tavannut heidät pyydystämästä ja vangitsemasta delfiinejä merestä. Nisäkkäät oli tarkoitus toimittaa yleisölle viihteellisiä esityksiä tarjoaville yrittäjille. Bahrainissa delfiinien vangitseminen on kiellettyä, eikä maahan saa tuoda viihdekäyttöön tarkoitettuja merinisäkkäitä.

Oikeuskäsittelyyn päätyneen tapauksen neljän delfiinin kohtalosta ei ole julkisuudessa tietoja.[102]

Armenian delfinaario sinnitteli vain pari vuotta

Aasian ja Euroopan rajamailla Kaukasiassa, Mustanmeren ja Kaspianmeren välissä sijaitseva sisämaavaltio Armenian tasavalta pyrki vuonna 2010 luomaan kuvaa modernina valtiona, jolla on muiden kehittyneiden maiden tapaan oma delfinaario. Pääkaupunki Jerevaniin nopeassa tahdissa rakennettu, eläinsuojelijoiden, ympäristöaktivistien ja merinisäkkäisiin erikoistuneiden asiantuntijoiden vastustama *Nemo delfinaario* oli jo alun perin kyseenalainen hanke monestakin syystä.

Suurten merinisäkkäiden oli elettävä hyvin pienikokoisessa, viiden metrin syvyisessä ja halkaisijaltaan vain 16-metrisessä altaassa, jonka keinotekoinen merivesi oli erittäin voimakkaasti kloorattua. Sisämaavaltiossa delfiineille ei ollut saatavissa paikallista tuoretta ruokaa, vaan eläinten ravinto hankittiin pakastettuna ulkomailta.

Kysyntää matkailunähtävyydelle kuitenkin oli runsaasti, ja Nemon neljä täysikasvuista delfiiniä osallistuivat vähintään kolmeen päivittäiseen esitykseen kuutena päivänä viikossa. Showssa eläinten hoitajat surffasivat delfiinien selässä, ja eläimet heittivät hoitajiaan korkealle ilmaan. Epäilykset delfinaarion olosuhteiden ankaruudesta vahvistuivat, kun vain pari vuotta vanhan delfinaarion toiminta keskeytettiin neljäksi kuukaudeksi.

Syyksi laitoksen omistajat kertoivat delfiinien osallistumisen esiintymiskiertueelle Venäjällä. Mitään konkreettista todistusta tällaisesta kiertueesta ei ole, joten delfiinien oletetaan sairastuneen merinisäkkäille sopimattomissa olosuhteissa.

Keskeytyksen jälkeen Jerevanin delfinaario aloitti taas toimintansa syyskuussa 2012, mutta esityksistä vastasivat uudet delfiinit. Alkuaikojen yleisömenestykseen ei enää päästy, ja Nemon ukrainalaiset omistajat päättivät vuoden 2013 alussa delfinaarion lopullisesta sulkemisesta, ja delfiinit siirrettiin Ukrainaan.[103]

11

Australiassa ja Oseaniassa kieltoja

Australiaan ei uusia delfinaarioita

Australian senaatissa eläinoikeuksia valvova komitea julkaisi vuonna 1985 *Whales and Dolphins in Captivity* -raportin valaiden ja delfiinien tilasta saarimantereella. Perusteelliseen, lukuisten asiantuntijoiden kuulemisiin ja julkaistuun kirjallisuuteen perustuva raportti huipentuu kaikkiaan 21 suositukseen valaiden ja delfiinien hyvinvoinnin turvaamiseksi.

Raportin sanoma oli yksiselitteisesti valaiden ja delfiinien vangitsemista vastaan, sillä ”ankeudessa merinisäkkäät ovat maksaneet korkean hinnan saamistaan kyseenalaisista eduista”. Selvityksen mukaan vankeudessa eläimet kärsivät stressistä, epänormaaleista käytöstavoista, korkeasta kuolleisuudesta, eliniän lyhenemisestä ja lisääntymisvaikeuksista.

Australiassa on toimivia delfinaarioita ja teemapuistoja, joiden toiminnan jatko olisi sallittua vain tarkkojen normien mukaisesti. Merinisäkkäiden vangittuina pitämisestä tulisi kuitenkin luopua tavalla ja aikataulussa, joka olisi eläinten hyvinvoinnille parasta.

Uusia delfinaarioita ja vastaavia laitoksia ei Australiaan sallittaisi, lisäksi kiellettäisiin valaiden ja delfiinien maahantuonti sekä näiden eläinten vangitseminen Australialle kuuluvilla merialueilla.

Delfiinipuistot määritellään suojelu- ja opetuskeskuksiksi

Sittemmin ainakin Queenslandin osavaltio on kieltänyt valaiden ja delfiinien vangitsemisen. Osavaltiossa toimii kuitenkin *SeaWorld* -teemapuisto, jonka monipuoliseen eläinvalikoimaan kuuluvat myös delfiinit. Teemapuiston toiminnassa keskitytään virallisesti opetukseen ja kasvatukseen, mutta nisäkkäiden esitykset ovat samanlaisia kuin delfiinien sirkustemput muuallakin. SeaWorldissa toimii – ja on yleisölle avoinna – merinisäkkäiden hoito- ja sopeuttamiskeskus, jossa hoidetaan merestä vahingoittuneina kiinniotettuja eläimiä ja jossa teemapuiston delfiinien poikaset sopeutetaan allasolosuhteisiin.

Jo vuosikymmeniä aikaisemmin hallitustasolla asetettuja tavoitteita on saatu käytäntöön hitaasti. Queenslandin jälkeen myös Australian suurimman ja väkirikkaimman osavaltion Uuden Etelä-Walesin hallitus päätti helmikuussa 2021 toimista delfinaarioiden toiminnan ja merinisäkkäiden vangitsemisen ja kasvattamisen kieltämiseksi. Luonnon monimuotoisuutta turvaavan lain (*Biodiversity Conservation Act*) nojalla kielletään delfiinien ja muiden merinisäkkäiden vankeudessa pitäminen ja kasvattaminen. Päätös perustuu osavaltiohallituksen tilaamaan, sirkuksissa ja muissa julkisissa esityksissä käytettävien villieläinten hyvinvointia koskevaan laajaan tutkimukseen.

Aikaisemmin julkaistun, Australian parlamentin ylemmän kamarin tilaaman tutkimuksen johtopäätöksenä todettiin, että delfinaariot ovat kuoleva elinkeino, ja että osavaltion hallituksen tulee kieltää delfiinien ylläpito ja käyttö viihde- ja esiintymistarkoituksissa.

Lakimuutoksen perusteella on kiellettyä tuoda tai sallia Uuden Etelä-Walesin osavaltion alueella valaiden, delfiinien ja pyöriäisten (nisäkkäiden lahko Cetacea) tuonti ja hallussapito. Merinisäkkäiden tuonti- ja kasvatuskieltoon voi hakea poikkeuksia vain välttämättömiin tieteellisen tutkimuksen, opetuksen tai lajien suojelun vaatimiin tarkoituksiin.

Uudessa Etelä-Walesissa toimii tätä nykyä toinen Australian delfiinejä ylläpitävistä laitoksista, *Dolphin Marine Conservation Park*, Coffs Harbourin kaupungissa. Nimensäkin mukaisesti eläinpuistolla on tärkeä tehtävä Tyynenmeren pullokuonodelfiinien suojelussa. Laitoksen tehtäviin on osavaltiohallinnon päätöksillä ja valtuutuksilla määritelty merestä haavoittuneina löydettyjen tai muuten apua tarvitsevien delfiinien haltuunotto ja kuntouttaminen. Puisto on kuitenkin myös aito turistikohde, jossa kävijä pääsee 400–500 Australian dollarin maksua vastaan altaaseen yhdessä delfiinien kanssa.[104,105,106,107]

Uusi-Seelanti kieltää delfiiniuinteja

Luontomatkailun suosituimpia erityiskohteita ovat paikat, joissa turistit pääsevät uimaan delfiinien kanssa. Tällaisia kohtaamisia on suositeltu jopa henkistä terveyttä ylläpitävänä tai kohentavana terapiana, mutta kohde-eläimelle kontaktit voivat olla haitallisia. Monissa tutkimuksissa ja seurannoissa on todettu ihmisen läsnäolon muuttavan vesinisäkkäiden käyttäytymistä – ja useimmissa tapauksissa muutokset ovat luonnonvaraisille eläimille vahingollisia.

Monet eläinsuojelujärjestöt ja tutkijat ovat vaatineet delfiiniuintien ja myös veneistä lähietäisyydeltä tapahtuvien tarkkailumatkojen kieltämistä tai rajoittamista. Yksi sanoista tekoihin yltäneistä toimijoista on Uusi-Seelanti, jossa suosituimpiin kuuluvalla vesialueella kiellettiin delfiiniuinnit.

Alueellinen kielto koskee saarivaltion koillisrannikolla sijaitsevaa, noin 160 kilometrin levyistä Bay of Islands -merenlahtea, jossa on kaikkiaan 144 saarta. Alue on suosittu matkailukohde paitsi luonnonkauneutensa takia myös arvokkaiden historiallisten kohteiden ja nykypäivän matkailijan suosimien vesiurheilu- ja harrastusmahdollisuuksien ansiosta.

"Ihmiset rakastavat eläimiä liikaa"

Ihmisten läsnäolon on jo pitkään tiedetty häiritsevän delfiinien jokapäiväistä ruokailu- ja lepoaikojen rytmiä, mutta kohtaamiset ovat paljon vakavampikin ongelma. Ministeriön kieltopäätöksen perusteluissa todetaan pullonokkadelfiinien kannan vähentyneen 66 prosentilla vuoteen 1990 verrattuna, ja samana jaksona nisäkkäiden poikaskuolleisuus on entistä vakavampi ongelma. Jopa 75 prosenttia delfiinien poikasista menehtyy jo hyvin nuorina. Delfiiniuinnit ja merinisäkkäiden tarkkailumatkat ovat niin suosittuja, että ministeriön mukaan "ihmiset rakastavat delfiinejä liian paljon".

Delfiinien hyvinvoinnin turvaamiseksi eläinten kanssa uiminen ja eläinten koskettelu on kokonaan kiellettyä Bay of

Islands -lahdella, ja myös veneistä tapahtuvia katselumahdollisuuksia rajoitetaan. Tarkkailuretkien kestoaikaa leikataan nykyisestä 30 minuutista enintään 20 minuuttiin. Veneretkiä saa jatkossa järjestää vain tarkoin määriteltyinä aamun ja alkuiltapäivän tunteina. Vastaavia rajoituksia saatetaan jatkossa asettaa myös muille Uuden-Seelannin vesille.[108]

Balin pahamaineinen delfinaario suljettiin

Indonesian saarivaltioon kuuluva Balin saariryhmä tunnetaan kautta maailman kuvankauniina lomaparatiisina, joka houkuttelee vuosittain miljoonia turisteja. Hiekkarantojen, palmujen ja kirkkaiden sukellusvesien lisäksi Balilla turisteille tarjotaan monipuolista viihdykettä, jossa meriakvaariot ja delfinaariot ovat suosikkilistan kärjessä.

Näytöksiin ja delfiiniuinteihin varattujen eläinten olot paratiisisaarten laitoksissa ovat kuitenkin kaikkea muuta kuin paratiisilliset. Vakavimpia eläinoikeuksien loukkauksia ja suoranaista eläinrääkkäystä on jo vuosien ajan todistettu Keramas Beachin *Wake Bali Dolphin* -delfinaariossa, jonka toiminta käynnistyi vuonna 2014. Laitoksessa on ollut neljä pullokuonodelfiiniä merinisäkkäille todella pienessä, 10x20 metrin altaassa.

Laitoksen omistajat ovat kertoneet delfiinien olevan rantaan ajautuneita yksilöitä, jotka kalastajat pelastivat varmalta kuolemalta. Todellisuudessa delfiinit ovat kalastajien laittomasti – yön pimeydessä – Jaavan saaren vesiltä vangitsemia yksilöitä.

Eläinsuojelujärjestöjen jatkuvan tarkkailun ja lukuisista väärinkäytöksistä kertovien raporttien perusteella Indonesian luonnonsuojelusta vastaava metsäministeriö kielsi Wake Bali Dolphinin toiminnan keväällä 2020.

Vuonna 2017 *World Animal Protection* -järjestön asiantuntijat tarkastivat Balilla eläimiin keskittyvät turistikohteet, ja jokainen eläintarha ja vastaava villieläimiä hyödyntävä turistikohde luokiteltiin eläimiä riistäväksi.[109]

Balin delfinaarioissakin on vakavia puutteita, mutta saaret pääsevät – varmasti osin kansainvälisen arvostelun ja painostuksen seurauksena – näyttäytymään myös eläintensuojelun edelläkävijänä.

Syyskuussa 2019 Balin hallintoviranomaiset ja metsäministeriö päättivät maailman ensimmäisen hyvin hoidetun ja valvotun delfiinien suojelualueen perustamisesta. Taloudellista ja asiantuntija-apua hanke saa paikallisilta järjestöiltä ja kansainvälisesti toimivalta *Ric O'Barry's Dolphin Project* -organisaatiolta.

Umah Lumba Rehabilitation, Release and Retirement Center -suojelukeskus perustettiin vastaanottamaan delfinaarioista juuri vapautettuja eläimiä, joiden kunto ja kyky sopeutua luonnonoloihin tarkastetaan perusteellisesti asiantuntijoiden toimesta. Umah Lumba merkitsee delfiiniä Balin paikallisella kielellä. Keskukseen tuotavia, altaista vapautettuja, rannoille ajautuneita tai loukkaantuneina kiinni otettuja eläimiä valvotaan ympärivuorokautisesti. Keskus sijaitsee lähellä delfiinien luontaisia elinalueita, ja Balilta vapautetut eläimet voivat näin päästä jopa alkuperäisille kotivesilleen omien ryhmiensä jäseniksi.

Vapauttamisen edellytyksenä on kuitenkin riittävän pitkä sopeutumisaika eläinlääkärien, eläintenhoitajien ja turvahenkilöstön valvonnassa. Kaikki keskukseen otetut delfiinit eivät tulisi toimeen vapaina, joten näille yksilöille Umah Lumba Center tarjoaa turvallisen eläkekodin koko loppuelämän ajaksi.

Keskuksen toiminnan alkajaksi turvapaikkaan tuotiin kolme delfiiniä, jotka oli vangittu Jaavanmereltä Balin pohjoisosassa sijaitsevan delfinaarion esiintyjiksi. Covid 19 -pandemian takia suljettujen ja toimintojaan muuttaneiden eläinten mahdollista vapautusruuhkaa varten Umah Lumba Centeriä ja eläinten vastaanottokapasiteettia laajennettiin kolminkertaiseksi.[110]

Kiertävien sirkusten delfiinit jatkavat

Pysyvän delfinaarion sulkeminen ei lopettanut delfiinien esityksiä Balilla. Saarilla on edelleen paikkakunnalta toiselle kulkevia kiertäviä sirkuksia, joissa delfiinit tekeveät temppuja. Sirkusdelfiinien elinolot ovat äärimmäisen ahtaat ja luonnottomat. Delfiinit ovat laittomasti merestä vangittuja, ja siten toiminnan pitäisi olla ehdottomasti kiellettyä. Turismin keskeisen taloudellisen merkityksen ansiosta kiertävät sirkukset delfiineineen ja eläinsuojelurikkomuksineen jatkavat toimintaansa.

Balin turistikohteiden eläinten kohtelu on kautta linjan kyseenalaista, pahimmillaan ala-arvoista. *World Animal Protection* -järjestön vuonna 2018 julkaisemassa tarkastuskatselmuksessa arvioitiin viihdekäyttöön valjastettujen eläinten olosuhteita kymmenissä kohteissa, ja tulos oli masentavia. Kansainvälisten normien mukaan arvioituna eläinoikeusrikkomuksia ja suoranaista eläinrääkkäystä tavattiin jokaisessa paratiisisaaren eläimiä hyödyntävässä kohteessa.[111],[112]

12

Koronavirus tarttuu delfiineihin

Tartuntariski molempiin suuntiin

Maailmanlaajuisen pandemian aiheuttanut koronavirus on uhka paitsi ihmisten myös eläinten terveydelle. Varmennettuja COVID-19 -tapauksia on raportoitu Suomessakin minkkitarhoilta, ja muista eläinten sairastumisista uutiset ovat kertoneet muun muassa New Yorkin Bronxin eläintarhan tiikerin saaneen vaarallisen viruksen lähellään olleelta ihmiseltä.

Todennettuja tapauksia koronavirusten tarttumisesta merinisäkkäisiin on paljon. Virustartunta ei välttämättä johda eläimessä näkyviin sairastumisen oireisiin. Oireettomat viruksen kantajat ovat kuitenkin vaaraksi lajitovereilleen ja muille luonnonvarsille eläimille mutta yhtä hyvin ihmisillekin. Eläimistä ihmisiin tarttuvien tautien eli zoonoosien tartunta- ja leviämismekanisteja aletaan tuntea entistä paremmin. Asiantuntijat ovatkin vakuuttuneita, että delfiinien ja valaiden kantamat virukset voivat tarttua myös lähikontaktissa oleviin ihmisiin – aivan yhtä todennäköisesti kuin ihmiset voivat tartuttaa kantamillaan viruksilla delfiinejä ja valaita.

Koronavirusten arvaamattomuudesta on saatu näyttöä esimerkiksi Hong Kongissa, jossa useilta delfiineiltä löydettiin koronaviruksia ilman, että eläimissä olisi havaittu mitään sairastumisen oireita. Toisaalta samoissa altaissa eläneen maitovalaan koronavirustartunta johti vakaviin maksan vaurioihin ja lopulta merinisäkkään kuolemaan.

Kansainväliset eläinsuojelujärjestöt ovat korostaneet ihmisen ja eläinten kontaktien rajoittamisen tärkeyttä laajan epidemian aikana. Merinisäkkäiden kyky kuljettaa ja välittää vaarallisia viruksia on painava syy lopettaa delfiinien ja valaiden vangitseminen luonnosta ja eläinten siirtäminen eri maissa toimivien akvaarioiden tai eläinkeskusten välillä.[113]

Koronapandemia romutti eläinten hoitoa

Vuoden 2020 alkupuoliskolla maailmanvalloitukseen Kiinasta lähtenyt koronaviruksen aiheuttama COVID-19 -tauti voi tarttua luonnonvaraisiin eläimiin, myös merinisäkkäisiin. Viruksen tartunta voi tapahtua molempiin suuntiin – ihmisistä eläimiin ja suorassa kontaktissa myös päinvastoin. Pian sen jälkeen, kun Maailman terveysjärjestö (WHO) oli julistanut koronaepidemian maailmanlaajuiseksi pandemiaksi, useiden valtioiden ja alueiden viranomaiset määräsivät vesieläinpuistot, akvaariot ja delfinaariot suljettaviksi muiden elämyskeskusten tavoin.

Eläinpuistojen ja delfinaarioiden sulkeminen yleisöltä romutti yritysten tulovirrat, mikä johti eläintenhoitajien ja muun henkilöstön lomautuksiin ja irtisanomisiin. Tällä on puolestaan ollut vakava seuraus eläimille. Vaikka eläimet pidettäisiin hengissä, vähentyneellä henkilökunnalla ei välttämättä pystytä pitämään vesialtaita kunnossa.

Hälyttävä esimerkki korona-ajan vaikutuksista on raportoitu Meksikosta. *Riviera Maya -puistossa* on normaalisti noin 100 työntekijää, mutta yleisöesitysten loppumisen ja kävijäkadon seurauksena työntekijämäärä vähennettiin alle viidesosaan tavanomaisesta. Näin vähällä työvoimalla delfiinien altaiden siivosta ja vedenvaihtoa ei ole pystytty ylläpitämään asianmukaisesti. Seurauksena on ollut eläinten luontaisen ”lannoituksen” kiihdyttämä levien ja muun ei-toivotun biomassan räjähdysmäisen nopea lisääntyminen altaissa. Roskien ja leväkasvustojen hallitsemat, kooltaan rajalliset altaat ovat täysin sopimaton ja merinisäkkäiden terveydelle ja hyvinvoinnille vaarallinen ympäristö.[114]

13

Delfiiniuinti — terapiaa ihmiselle, stressi delfiinille

Delfiini haluaa pitää etäisyyttä

Yhdessäolo vedessä delfiinien kanssa on suosittua niin sisämaan vesipuistoissa kuin meriolosuhteissakin. Ohjattuja delfiiniuinteja mainostetaan myös monien delfinaarioiden yhtä suurina vetonauloina kuin merinisäkkäiden akrobaattisia temppuja. Turismin ja vapaa-ajanvieton lisäksi delfiiniuinti on nostettu pinnalle myös terapeuttisena, etenkin mielialaa kohottavana ja jopa mielenterveysongelmia parantavana hoitomuotona. Yhteisuintiin ja eläinten kosketteluun perustuva kanssakäyminen on varmasti ikimuistoinen ja miellyttävä kokemus sessioon osallistuville ihmisille, mutta delfiineille – eläinten hymyileväksi tulkittavasta ilmeestä huolimatta – kokemus on luultavasti ei-toivottu ja mahdollisesti haitallinen.

Delfiiniuintien terapeuttisista hyödyistä on julkaistu sadoittain selvityksiä, ja menetelmä on vakiintunut jopa hoitoalan oppikirjoihin. Positiiviset tulokset hyvän mielen tuottajana ovat varmasti totta, mutta yhteisuinnin toisen osapuolen eli delfiinien mielipidettä ja mielialoja on tutkittu paljon vähemmän, eikä merinisäkkäiltä saada ainakaan positiivista palautetta – kielteisiä reaktioita on sen sijaan kirjattu paljonkin.

Delfiiniuinnin myönteinen, terapeuttinen vaikutus ihmisosapuolen hyvinvointiin on varmasti totta useimmissa tapauksissa, mutta delfiinin osuus tulokseen voi olla vähäinen. Positiivinen lopputulos voi monesti johtua siitä huomiosta, jonka uimari saa osakseen tapahtuman keskipisteenä – ei niinkään siitä, että terapiaa hakeva saa olla lähellä merinisäkästä.[115]

Selvimmin delfiinien suhtautumista uimarivieraisiin osoittaa eläinten halu pitää etäisyyttä vedessä oleviin ihmisiin. Delfinaarioiden altaissa pako tai väistyminen eivät ole mahdollisia, mutta vapaasti meressä elävien nisäkkäiden reaktiot osoittavat halua välttää suoraa kosketusta. Sosiaalisina ja uteliaina eläiminä delfiinit kyllä lähestyvät avovesillä tavattavia aluksia ja myös veteen laskeutuneita uimareita, mutta pitkäaikaisessa kohtaamisessa eläinten stressitaso nousee.[116]

Egyptin suositussa Punaisenmeren rantalomakohteessa *Sha'ab Samadai -riutalla* seurattiin maailman valtamerten yleisimpiin nisäkkäisiin lukeutuvan pyöriäisdelfiinin (*Stenella longirostris*) käyttäytymistä turistien lyhytaikaisiin kohtaamisiin. Seurantapaikka on riutan keskiosan laguuni, jossa delfiinit viettävät säännöllisesti lepoaikaa aamupäivän puolivälistä iltapäivän puoliväliin. Turisteille on sallittua uida ja snorklata laguunin eteläreunalla, mutta kohteen pohjoisreunalla, jolla delfiinit enimmäkseen viettävät lepoaikaa, ihmisten liikkuminen ja veteen pääsy on kiellettyä.

Pyöriäisdelfiinien reaktioita ihmisiin verrattiin seuraamalla merinisäkkäiden käyttäytymistä päivinä, jolloin snorklaajia oli laguunissa päiviin, jolloin ihmisiä ei riutalla ollut. Erot olivat merkittävät. Turistien läsnäolon seurauksena delfiinien lepoaika väheni kahdella kolmasosalla, kun taas lajityypillinen liikehdintä lisääntyi.

Tutkimuksessa delfiinien aktiivisuudessa seurattiin kaikkiaan 25 eri piirrettä tai toimintoa turistien läsnäollessa ja ihmisten poissaollessa. Merkittäviä, ihmisten läsnäolon aiheuttamia käyttäytymisen muutoksia havaittiin kymmenessä eri aktiviteetissa, joista levon keskeyttäminen ja liikkumisen lisääntyminen sekä pyrkimys etääntyä uimareista olivat tärkeimmät.

Tulokset pyöriäisdelfiinien halusta aktiiviseen ihmisestä etääntymiseen osoittavat, etteivät turismielinkeinon omaksumat varotoimet – Samadai-riutan tapauksessa laguunin pohjoisosan rauhoittaminen snorklaajilta – riitä turvaamaan luonnonvaraisten merinisäkkäiden lajityypillisen käyttäytymisen edellyttämää rauhaa.[117]

Uintien toistuminen saa delfiinit välttelemään ihmisiä

Pullokuonodelfiinien pyrkimystä välttää lähikontakteja vedessä olevien ihmisten kanssa selvitettiin kahdessa, parin vuoden välein toteutetussa (1994–1995 ja 1997–1998) seurannassa Australiassa. Tarkkailukohteina oli kaikkiaan 255 delfiiniryhmää, joiden luontaisille elinalueille kuljetettiin uimariryhmiä kokeneiden retkenjärjestäjien toimesta. Delfiiniuinnin tavoitteen katsottiin onnistuneen tapauksissa, joissa ainakin yksi uimari pääsi vähintään viiden metrin etäisyydelle yhden delfiinin kanssa.

Delfiinien kokemukset veneretkikuntiin kumuloituivat, sillä onnistuneiden yhteisuintien toteutuminen väheni ensimmäisen jakson 48 prosentista toisen jakson 34 prosenttiin. Aktiivisesti uimareita välttelevien delfiiniryhmien määrä lisääntyi vastaavasti 22 prosentista 31 prosenttiin.

Halukkaimmin delfiinit välttivät uimareita tapauksissa, joissa venekunnat toivat ihmiset suoraan delfiinien kulkureitille, etenevien nisäkkäiden eteen. Tottuminen – ja kyllästyminen – ihmisiin tapahtui delfiinien ja uimarien kohtaamisten toistuttua moneen kertaan. Aucklandin yliopiston tutkijan Rochelle Constantinen havainnoimissa tapauksissa yksittäinen delfiini kohtasi uimarin tai yhteisuintia havittelevan ihmisen keskimäärin 31 kertaa vuodessa. Nuoret delfiinit, joilla ei luonnollisesti ollut yhtä paljon kohtaamisia uimarien kanssa kuin aikuisilla, päästivät uimarit läheisyyteensä huomattavasti vanhempiaan useammin.[118]

Vapaana oleva miekkavalas hyväksyy uimarin seuran

Delfiinit ovat ryhmissä eläviä ja sosiaalisia nisäkkäitä, jotka voivat päästää ihmiset hyvinkin lähelle itseään – niin veneistä tai rannalta tarkkailemaan kuin kanssaan vedessä uimaan. Liian läheiset ja usein toistuvat kohtaamiset ovat kuitenkin useimmille merinisäkkäille ei-toivottuja. Kirjallisuudessa tunnetaan tapauksia, joissa delfiinit ovat aggressiivisuudellaan aiheuttaneet uimareille vammoja, ja pahimmissa tapauksissa ihmisen kuoleman. Tällaiset tapaukset ovat kuitenkin harvinaisia, ja niihin liittyy jokin merieläimen hyökkäykseen yllyttänyt syy. Luontaisesti delfiinit eivät suhtaudu ihmisiin aggressiivisesti.

Saksalaisen George August -yliopiston tutkijan Chantel Denise Pagelin johtamassa kansainvälisessä tutkimuksessa selvitettiin suurimman delfiinilajin, miekkavalaan (*Orcinus orca*) luonnonvaraisten, ihmiseen tottumattomien eläinten joukkoon liittyneiden uimarien ja snorklaajien aiheuttamia reaktioita Norjan pohjoisrannikon vesillä. Vedenalaisilla videokameroilla kohtaamisia kuvanneet uimarit lähestyivät miekkavalaita eläinten ehdoilla, delfiinejä häiritsemättä.

Kohtaamisista taltioiduista videoista tunnistettiin miekkavalaiden lajityypillisiä käyttäytymispiirteitä, joista kahdeksan elettä tulkittiin delfiinien sosiaaliseen kanssakäymiseen liittyviksi. Useimmin tavatut rektiot uimarin tai snorklaajan kohtaamisissa olivat miekkavalaiden ääntely ("kutsu") sekä suora katsekontakti. Yhtään aggressiivista reaktioita miekkavalaat eivät kohdistaneet luokseen tullutta ihmistä kohtaan.[119]

Delfiinien hyvinvointi tärkeää uimareille

Meressä vapaasti elävien delfiinien kanssa tapahtuvien uintien ja valaidenkatseluretkien osallistujat hakevat tietysti omia, usein ainutkertaisia kokemuksia ja ehkä jopa terveydellistä hyvinvointia, mutta monet ajattelevat myös merinisäkäsosapuolen hyvinvointia. Uuden-Seelannin itärannikolla vetonaulana ovat valaidenkatselumatkat, joiden houkuttelevimpana kohteena on suurikokoisimman hammasvalaan eli kaskelotin näkeminen. Näillä vesillä tavataan kaikkiaan 14 eri merinisäkäslajia – valaita ja delfiinejä.

Aucklandin teknillisen yliopiston tutkija Michael Lück ja kansainvälisen *Coral Triangle Conservacy* -organisaation filippiiniläistutkija Brooke Porter selvittivät kyselytutkimuksella Uuden-Seelannin eteläsaaren rannikolla Kaikōurassa säännöllisesti järjestettävien delfiiniuintiretkien osallistujien kokemuksia – itselle ja delfiineille myönteisiä ja kielteisiä asioita. Delfiinien kohtaaminen lähietäisyydellä on tietysti uimarien tavoite ja matkan odotus, ja tämä toive täyttyykin useimmilla kokeneen järjestäjän retkillä.

Enemmistö delfiiniuintiin osallistujista ilmaisi retken jälkeen toteutetussa kyselyssä kiinnostuksensa myös delfiinien elämään – laajemminkin kuin vain yhden uintikokemuksen rajoissa. Delfiiniuintiretkien asiakkaat toivoivat lisää tietoa delfiinien suojelusta ja meriluonnon tilasta yleensäkin sekä erityisesti tavoista, joilla tällaisille yhteisuintiretkille osallistujat voisivat itse turvata tai parantaa delfiinien hyvinvointia.[120]

Delfiinimatkoille osallistuvat turistit tahtovat tietysti saada rahoilleen mahdollisimman paljon vastinetta, toisin sanoen kävijöiden tulisi saada varmuus delfiinien kohtaamisesta, ja kokemus katsotaan sitä paremmaksi, mitä lähemmäs merinisäkästä vieras pääsee. Vieraan ja kohde-eläimen tahto ovat valitettavasti vastakkaisia, sillä niin luonnonoloissa kuin altaissa merinisäkkäät kärsivät stressistä liian usein toistuvien ja liian läheisten ihmiskontaktien seurauksena. Valistuneet matkailijat ja eläinystävät ovat kyllä valmiita tinkiään omista toiveistaan, jos delfiinien etu sellaista vaatisi.

Pohjoisirlantilaisen Queen's University -yliopiston tutkija Lydia Bach ja Länsi-Australian yliopiston tutkija Michael Burton selvittivät kyselytutkimuksilla Australian vesillä meressä elävien mutta ruokinnan avulla ihmisiin toteutettujen pullokuonodelfiinien tarkkailumatkojen osallistujien toiveita. Retkien järjestäjä antaa "takuun delfiinien kohtaamisesta", sillä jatkuva ruokinta on kesyttänyt merinisäkkäät ihmisten kohtaamisille. Asiakkaiden enemmistö kertoi haluavansa nähdä delfiinit mahdollisimman läheltä.

Kysyttäessä turistien halukkuutta maksaa retkistään korkeampaa hintaa, jos varmuus hyvin läheltä tapahtuvaan delfiinikohtaamiseen järjestettäisiin, enemmistö asiakkaista kertoi mieluusti maksavansa lisähintaa. Mutta into lähikontakteihin väheni huomattavasti, kun vieraille kerrottiin lähikontaktien delfiineille aiheuttamasta stressistä ja eläinten hyvinvoinnin kärsimyksistä. Yli 80 prosenttia delfiinimatkoille osallistuneista ilmoittikin hyväksyvänsä tarkkailuaikojen lyhentämisen sekä ihmisten ja delfiinien välimatkan pidentämisen, jos näillä toimilla turvataan merinisäkkäiden hyvinvointia.[121]

Eläintä kunnioittavia delfiinikohtaamisia

Luontoturismin vetonauloiksi eri puolilla maailmaa kohonneet delfiiniuinnit ovat paitsi suosittuja, myös ankarasti arvosteltuja. Liian läheinen kosketus ja erityisesti vapaana elävien merinisäkkäiden ruokkiminen eläinten houkuttelemiseksi turistien lähelle voivat muuttaa delfiinien käyttäytymistä ja altistaa eläimiä ihmisten taudeille. Vankeudessa pidettävien delfiinien elinolot puolestaan ovat hyvin rajoittuneita, joten suuret nisäkkäät eivät voi mitenkään toteuttaa lajityypillistä käyttäytymistä. Sirkustemppujen opettaminen eläimille herättää ristiriitaisia tunteita ja paljon arvostelua. Mutta ihmisen ja delfiinin kohtaamiset voi toteuttaa myös eläimiä kunnioittavalla tavalla.

Bahamasaarten Blue Lagoon Island -saarella toimivalle *Dolphin Encounters* -yritykselle myönnettiin todistus kestävällä perustalla olevasta delfiinien hoidosta turistikohteessa. Sertifikaatin delfiinien hyvinvointia kunnioittavasta ja lajityypillisiä arvoja noudattavasta kohtelusta myönsi ulkopuolinen ja puolueeton asiantuntijaelin, kansainvälisesti toimiva *American Humane Conservation* -ohjelma.

Arvioinnissa huomioitiin eläinten terveys ja hyvinvointi, delfiinien mahdollisuus yksilöiden ja ryhmien väliseen lajityypilliseen käyttäytymiseen, eläinten ja niiden hoitajien välinen kanssakäyminen, turvallinen ja virikkeinen elinympäristö sekä säännöllinen ja perusteellinen eläinten terveyden ja kunnon tarkkailu ja vaaratilanteisiin tai onnettomuuksiin varautuminen.[122]

14

Delfiiniturismin kritiikki lisääntyy

Matkanjärjestäjät ja nettisivustot lopettaneet yhteistyötä

Kansainvälisen turismielinkeinon jatkuvasta kasvusta huolimatta monet eläinsuojelun arvoa kunnioittavat matkanjärjestäjät, hotellivarausketjut ja matkailusivustot ovat lopettaneet matkojen järjestämisen ja lippujen välittämisen delfinaarioiden omistajien ja delfiiniesitysten järjestäjien kanssa. Delfinaariomatkojen markkinoinnista ovat luopuneet ainakin alan johtavat yritykset kuten TripAdvisor, Virgin Holidays, Booking.com ja British Airway Holidays.[123],[124]

Eläinsuojelujärjestöt kuten *Whale and Dolphin Conservation* (WDC) ja *World Animal Protection* ovat jo pitkään kampanjoineet merinisäkkäiden vankeudessa pitämistä vastaan ja vaatineet delfiinimatkojen lopettamista. Esityksiä ja delfiiniuinteja kuitenkin markkinoidaan, paitsi delfinaariot ja yrittäjät omilla foorumeillaan, myös internetin johtavilla matkailusivustoilla. Järjestö on vedonnut hyvin tunnettuun, yli 70 maassa toimivaan Expedia-matkailusivustoon kieltorintamaan liittymiseksi. Expediaan kuuluvat muun muassa suomalaisten matkailijoiden hyvin tuntemat yritykset Hotels.com, Ebookers.com ja Trivago).[125]

Expedia totesi yrityksen tutkivan vaatimusten taustalla olevia eläinsuojelunäkökohtia suuntaamalla asiakkaidensa valintoja kestäviin vaihtoehtoihin villieläinturismin eri osa-alueilla. Yritys on poistanut valikoimistaan osan matkailijoiden ja villieläinten suoriin kontakteihin perustuvista kohteistaan muun muassa asiakkailta tulleen suoran palautteen takia. Expedia ilmoittaa tekevänsä yhteistyötä kansainvälisten alan toimijoiden kanssa muodostetun *Wildlife Tourism Education Portal* -järjestelmän puitteissa.

Portaalin kautta yrittäjät korostavat antavansa matkailijoille arvokasta tietoa villieläinturismista ja eläinten hyvinvoinnista. Delfinaarioiden ja delfiiniuintien markkinointi kuitenkin jatkuu.[126]

WDC:n kampanjavideo YouTubessa on kerännyt satoja tuhansia katsojia, ja matkanjärjestäjille osoitetun vetoomuksen delfinaariomatkojen sulkemisesta markkinoinnin ja tilausten ulkopuolelle allekirjoitti yli 300‘000 kansalaista eri puolilta maailmaa.

Delfinaarioiden ja merinisäkäsesityksiä järjestävien teemapuistojen sijasta vastuulliset matkanjärjestäjät ovat suunnanneet markkinointia ja matkatarjontaa eläinten hyvinvoinnista huolehtivien valaiden ja delfiinien tarkkailumatkojen järjestäjiin. WDC on ollut aktiivisesti mukana myös suurten merinisäkkäiden suojelualueiden suunnittelussa ja toteutuksessa, muun muassa *Sea Life* -hyväntekeväisyysjärjestön hankkeessa ensimmäisen maitovalaiden (*Delhinapterus leucas*; engl. beluga) suojelualueen perustamiseksi Islantiin.[127],[128]

15

Suojelualueita liian vähän

Vapautetuille delfiineille turvallisia eläkekeskuksia

Vaatimukset delfinaarioiden ja teemapuistojen altaissa eläneiden ja yleisölle esiintyneiden delfiinien vapauttamisesta ovat vahvistuneet, mutta edes vankeudessa syntyneiden eläinten vapauttaminen luonnollisiin meriolosuhteisiin ei niin vain onnistu. Vapautetut merinisäkkäät vaativat vankeusajan jälkeenkin jatkuvaa ihmisen hoivaa ja tarkkailua, jollaista voidaan taata vain tarkoitukseen varatuilla tai perustetuilla, valvotuilla suojelualueilla. Tällaisia ”eläkekoteja” ei ole tätä nykyä riittävästi, jos suuri määrä delfiinejä, miekkavalaita tai pyöriäisiä yht'äkkiä päätettäisiin vapauttaa lakkautettavista delfinaarioista.

Luotettavasti dokumentoituja kauan vangittuina olleiden delfiinien vapautuksia luontoon on vain vähän, mutta onnistuneita esimerkkejä tunnetaan. Vuonna 2018 julkaistu yhteenveto kertoo kolmen jopa vuosikymmeniä eri puolilla maailmaa vankeudessa olleen delfiinin vapautushistorian. Delfiinit vapautettiin Yhdistyneisiin kuningaskuntiin kuuluvalla erillisalueella, Turks- ja Caicossaarilla vuonna 1991. Onnekkaat yksilöt olivat Englannissa 20 vuotta *Marineland*-puistossa ollut Rocky-uros, Teksasissa 22 vuotta vankeudessa ollut naaras Missie sekä Taiwanissa 15 vuotta elänyt Silver-niminen delfiini.

Kolmen kansainvälisen eläinsuojelujärjestön yhteishankkeena vankeudesta vapautetut delfiinit kuljetettiin Caicos-saarilla olevaan laguuniin, jossa eläimet totutettiin luonnossa omatoimisesti vaadittaviin tapoihin kuten pyydystämään elävää kalaa. Kuukausien opetusjakson jälkeen delfiinit siirrettiin – edelleen ihmisen hoivissa – meressä kelluviin altaisiin totuttautumaan luonnollisiin meriolosuhteisiin, ja syyskuussa 1991 delfiinit päästettiin vapauteen.

Vapauttamisen jälkeen kaikista kolmesta delfiinistä saatiin näköhavaintoja, joiden perusteella eläimet tulivat toimeen merellä omillaan. Yhtäkään tapausta ei tiedetä, joissa siihenastisen elämänsä ihmisen hoivissa olleet delfiinit olisivat lähestyneet kalastajia tai muita veneitä ruokaa kerjätäkseen. Ainakin yhden vapautetun delfiinin todettiin luoneen yhteyden ja liittyneen paikalliseen delfiiniyhdyskuntaan. Vapautensa saaneiden delfiinien myöhemmästä kohtalosta ei ole tietoja.[129]

Luonnonmukainen valaidensuojelualue Kanadaan

Vangittuina delfinaarioissa ja teemapuistoissa pidettyjen delfiinien ja muiden merinisäkkäiden vapauttamisen vaikeasti ratkaistava pullonkaula on sopivien, eläimille vapautta mutta samalla turvaa takaavien suojelualueiden puute. Kanadan itärannikolla, Atlantin valtameressä Nova Scotian provinssin Port Hilford Bayn alueella on jo varattu noin 40 hehtaarin (100 eekkerin) laajuinen merialue merinisäkkäiden suojelualueeksi. Paikan soveltuvuus valaiden turvapaikaksi niin veden laadun, vuoroveden vaihtelun kuin paikallisen eläin- ja kasvilajiston suhteen on etukäteen varmistettu asiantuntija-analyysein.

Suojelualue on valmis ottamaan vastaan vankilasta vapautettuja valaita vuoden 2022 aikana. Hanketta johtavan *The Whale Santuary Project* -hankkeen tähtäimessä ovat pohjoisamerikkalaisissa vesieläinpuistoissa olevat maitovalaat (*Delphinapterus leucas*, engl. beluga) sekä Kiska, yli 40-vuotias, alun perin Islannin vesiltä vangittu ja jo kymmenen vuotta Marinelandin ainoana lajinsa edustajana elänyt miekkavalas (*Orcinus orca*).[130]

Vankeudessa olleiden tai ihmisen hoivissa syntyneiden valaseläinten vapauttaminen luontoon vaatii pitkäaikaista sopeuttamista, jonka aikana eläinten on saatava ihmiseltä turvaa ja hoitoa. Siksi delfinaarioeläinten suojelualueille vaaditaan perusteellisempaa suunnittelua ja valvontaa kuin luonnonvaraisille valaille, delfiineille ja pyöriäisille varatuilla merten suojelualueilla tarvitaan. Yleisellä tasolla valaseläinten merellisen suoja-alueen ominaisuuksista ja vaatimuksista tiedetään jo paljon yli parinsadan vahvistetun, valaita pyynniltä ja häirinnältä suojaavan turva-alueen kokemuksista.[131]

Matkanjärjestäjä tukee suojelualuetta delfiineille

Ahtaissa altaissa yleisölle esittäytyvät, ja monesti myös temppuja esittävät delfiinit ja hylkeet kuuluvat luontoturismin nimikkeen alla markkinoitaviin viihdykkeisiin, joissa luonnollisuus on vain kulissia. Altaissa suurilla vesinisäkkäillä on aina puutteelliset tilat ja mahdollisuudet lajityypilliseen käyttäytymiseen, eikä temppujen tekeminen ole koskaan lajityypillistä toimintaa. Delfinaarioiden vastustus – muuallakin kuin Tampereen Särkänniemessä – on johtanut toimintojen muutoksiin, rajoituksiin ja laitosten lakkautuksiin.

Yhdysvalloissa suuri matkanjärjestäjä päätti vuonna 2018 lähteä tukemaan vankeudessa oleville ja esiintyville delfiineille perustettavaa luonnollista elinpiiriä. Virgin Holidays -matkaoperaattori lähtee yhdessä *US National Aquarium* -organisaation kanssa kehittämään aitoon meriympäristöön sijoittuvaa erityissuojelualuetta nykyisin Baltimoressa sisätiloissa vankeudessa pidetyille delfiineille. Matkanjärjestäjä lupasi 300'000 dollarin avustuksen delfiineille perustettavalle, Floridaan sijoittuvalle suojelualueelle.

Aivan omaan rauhaansa delfiinit eivät muuta, sillä suojelualueelle järjestetään delfiinien tarkkailumatkoja turisteille. Valvotuilla retkillä luvataan kunnioittaa merinisäkkäiden hyvinvointia.[132]

Paluu mereen onnistui 2 vuoden vankeuden jälkeen

Ilmeisesti ensimmäinen kontrolloitu ja tieteellisin kriteerein valvottu koe merestä vangitun, sitten vuosia vangittuna pidetyn delfiinin vapauttamisen onnistumisesta tehtiin Yhdysvalloissa. Chicagon Eläintieteellisen yhdistyksen tutkijan Randall Wellsin johdolla julkaistussa kokeessa kaksi pullokuonodelfiiniä (*Tursiops truncatus*) vangittiin Tampa Bayn vesiltä Floridassa vuonna 1988. Urosdelfiinit vapautettiin kahden vuoden vankeusajan jälkeen samoille vesille ja samaan yhteisöön, josta ne oli aiemmin kiinni otettu. Koe oli etukäteen tarkoin suunniteltu siten, että delfiiniryhmän ikä- ja sukupuolijakaumat sekä sosiaaliset suhteet oli selvitetty ennen koeyksilöiden vangitsemista, ja samat populaatioparametrit tarkastettiin vapautettujen delfiinien palattua ryhmän jäseniksi.

Heti vapauttamisen jälkeen urokset pysyttelivät tiiviisti yhdessä, mutta pian delfiinit liittyivät yhä tiiviimmin muuhun ryhmään ja viettivät vähemmän aikaan keskenään. Ensimmäisen vuoden kuluessa vapautumisestaan toinen urosdelfiineistä erosi ryhmästä ja palasi paikalle, josta se oli otettu kiinni, ja täällä se pysyi ainakin seuraavat pari vuotta. Toinen vapautetuista uroksista pysyi ryhmän jäsenenä populaation alkuperäisellä elinalueella ainakin kuuden vuoden ajan.

Yksityiskohtaisessa tarkkailussa molempien vapautettujen delfiinien todettiin noudattavan lajille tyypillisiä käyttäytymispiirteitä ja sosiaalistuneen täysivaltaisiksi ryhmän jäseniksi. Kahden vuoden vankeusajasta huolimatta yksilöiden ei todettu hakeutuvan vapauttamisen jälkeen uudelleen ihmisten seuraan. Kokeessa delfiinien vankeusaika oli suhteellisen lyhyt, eikä eläimille opetettu delfinaarioissa vaadittavia sirkustemppuja. Erityispiirteistään huolimatta tutkijat pitävät koetta hyvänä osoituksena, että vankeudessa olleita delfiinejä voidaan kotiuttaa luonnollisiin oloihin, jos vapauttaminen suunnitellaan ja toteutetaan kunnolla ja eläinten ehdoilla.[133]

Koreassa vapautetuille delfiineille poikasia merellä

Vankeudessa pidettyjen ja sirkusesityksiin koulutettujen delfiinien vapauttaminen luonnollisiin oloihin on merinisäkkäille sekä yksilön että lajin suojelua, mutta yksittäistapauksilla voi olla laajempaakin merkitystä. Etelä-Koreassa vapautettiin merieläinpuistoissa olleita, luonnossa Intian ja Tyynenmeren alueen merialueilla eläviä, uhanalaisluokituksessa lähes vaarantuneiksi luokiteltuja Intian ja Tyynenmeren pullokuonodelfiinejä (*Tursiops aduncus*; engl. Indo-Pacific bottlenose dolphin) valtamereen vuosina 2013, 2015 ja 2017.

Tapaukset saivat paljon julkisuutta, ja jälkikäteisarvioinneissa on todettu lajinsuojelun nojalla tehtyjen vapautusten vaikuttaneen yleiseen mielipiteeseen luonnonsuojelusta – ja ennen kaikkea johtaneen vaatimuksiin kaikkien merinisäkkäiden vankeudessa pitämisestä luopumiseksi.[134]

Kalastajat erottivat Jeju-saarten vesillä pullokuonodelfiinien runsaan 120 yksilön ryhmästä kaikkiaan 11 yksilöä, jotka myytiin paikalliselle *Jeju Pacific Land* -teemapuistolle näytöseläimiksi. Laittoman operaation yksityiskohdista ei ole julkisuudessa tietoa, mutta näyttää varmalta, että vangituista delfiineistä vain viisi selvisi hengissä. Delfiinien ilmaantuminen ja esiintyminen huvipuistossa aiheuttivat sekä yksityisten kansalaisten että järjestöjen tiedotus- ja vaatimuskampanjoita eläinten vapauttamiseksi. Julkisuus tehosikin, sillä vuonna 2013 oikeusistuin määräsi vankeudessa pidetyt delfiinit vapautettaviksi takaisin mereen. Laittomuuksista teemapuisto sai runsaat sakot, ja yrityksen johtaja sai kahdeksan kuukauden vankeustuomion.

Tapaus sai runsaasti lisäjulkisuutta, kun Etelä-Korean pääkaupungin Soulin pormestari vaati, että kaupungin eläintarhaan Jejun teemapuistosta aikaisemmin siirretty delfiini vapautetaan. Kaksi teemapuiston delfiiniä ja *Soul Grand Zoo* -eläintarhan yksilö vapautettiin mereen heinäkuussa 2013. Kaksi muuta teemapuiston delfiiniä jäivät laitoksen hoiviin, koska eläimet olivat liian sairaita kyetäkseen selviytymään omin voimin meressä. Delfiinien vapautuksessa korealaiset toimivat ”oppikirjan mukaan” pitämällä eläimiä aluksi merenrannalle rakennetussa, mahdollisimman paljon luonnonoloja vastaavassa altaassa sopeu-tumassa itsenäiseen elämään.

Sopeutusvaiheessa projekti sai näyttävää lisädraamaa, kun yksi delfiineistä, Sampal nimeltään, hyppäsi aitausten yli ja karkasi vapauteen ennen aikojaan. Kaksi muuta teemapuiston delfiiniä pääsivät vapauteen heinäkuussa 2015.

Vankeudesta vapauteen päässeiden delfiinien tarina huipentui seuraavina vuosina, kun meressä aikaisempaan ryhmäänsä onnistuneesti liittyneet kolme naaraasta synnyttivät kukin vuorollaan poikasen huhti- ja elokuussa 2016 ja elokuussa 2018.[135]

Soulin eläintarhasta vapautetun Jedol-delfiinin myöhemmästä kohtalosta ei ole tarkkoja tietoja, mutta paikalliset asukkaat ottivat eläimen hyvinvoinnin sydämenasiakseen. Pääkaupungin hallinnon ja kansalaiskeräysten avulla Jedolin vapauttamisen vaatimiin kuluihin saatiin peräti miljoonan Yhdysvaltain dollarin verran, mikä takasi delfiinin asteittaisen normaalielämään palaamisen vaatiman pitkän sopeutumisajan edellyttämät rakenteet, ruokinta- ja hoivatoimet sekä seurannat.[136]

16

Vaikea vankeus – vaikea vapaus

Delfinaarion sulkeminen voi olla riski eläimille

Vaatimukset delfinaarioiden ja vastaavien suuria merinisäkkäitä ylläpitävien laitosten sulkemisesta ovat viime vuosina vahvistuneet eläinsuojelijoiden ja eläintieteilijöiden esittämien painavien todisteiden seurauksena. Myös yleinen mielipide – ja matkailijoiden halukkuus maksaa delfiiniesityksistä – on kääntynyt vangittuina pidettävien merinisäkkäiden vapauttamisen puolelle.

Britanniassa tuhannelle asiakkaalle järjestetyssä kyselyssä 95 prosenttia vastaajista esitti matkanjärjestäjille vaatimuksia merinisäkäskohteiden nykyisen kaltaisen toiminnan muuttamisesta eläimille luonnonmukaisemmiksi.[137]

Vaatimukset ovat kantautuneet poliittisille päättäjille, ja monia delfinaarioita ja teemapuistojen esityksiä on kielletty eri puolilla maailmaa. Delfinaarioiden lakkauttamispäätöksillä voi kuitenkin olla ennalta-arvaamattomia ja delfiineille pahimmillaan kohtalokkaita seurauksia.

Suljettujen delfinaarioiden eläimet on sijoitettava muualle, ja useimmissa tapauksissa uusi koti on toinen delfinaario maassa, jossa lainsäädäntö on lievempi tai eläinsuojelun taso on alhaisempi. Siirtojen seurauksena olemassa oleviin delfinaarioihin kertyy entistä enemmän eläimiä, ja ryhmäkokojen kasvaessa on monesti ilmennyt vaikeuksia. Vaikka delfiinit ovat sosiaalisia ja merissä luonnostaan suurissa ryhmissä eläviä nisäkkäitä, rajallisissa ja useimmiten liian ahtaissa altaissa lajitoverien tungos johtaa stressiin ja pahimmillaan aggressiiviseen käyttäytymiseen. Ahtaudesta johtuvat tai lajitoverien keskinäisestä kamppailusta johtuvat vammat ovat turhankin yleisiä delfinaarioissa.

Jokainen vapautettava delfiini vaatii oman reseptinsä

Vankeusaika muuttaa väistämättä jokaisen merinisäkkään elintapoja, monesti peruuttamattomasti, ja vaikutukset ovat jokaisella yksilöllä erilaisia. Eläinten vapauttamisen edellytyksenä onkin tuntea delfiinin tarpeet ja kyky suoriutua uusissa, luonnossa aina monipuolisemmissa olosuhteissa kuin vankeusaikana. Tietoa ja ohjeita merinisäkkäiden sopeuttamiseen ja vapauttamiseen liittyvässä pitkässä toimintajaksossa onneksi löytyy.

Kattavat ja luotettavat ohjeet on kirjoittanut muun muassa Richard O'Barry, jolla on yli neljän vuosikymmenen kokemus työskentelystä delfiinien kanssa, ja tästä ajasta parinkymmenen vuoden ajan hän on kamppaillut delfinaarioiden lakkauttamisen ja merinisäkkäiden vapauttamisen puolesta. O'Barry tuli tunnetuksi maailmanlaajuisesti levinneen ja erittäin suositun *Flipper-*

televisiosarjan tähtieläinten kouluttajana. Hän oli mukana hankkeessa alusta alkaen, delfiinien merestä vangitsemisesta asteittaiseen altaisiin sopeuttamiseen ja temppujen opettamiseen.

Jo 1960-luvulla, yhden hoivissaan olleen delfiinin kuoltua O'Barry käänsi takkinsa täysin ja omistautui merinisäkkäiden hyvinvoinnin edistämiseen ja kamppailuun vangittujen eläinten vapauttamisen puolesta. Hän johtaa aktiivisesti delfiinitietoutta levittävää ja eläinsuojelutyötä konkreettisesti kohdealueilla ja laitoksilla tekevää, nimeään kantavaa *Rick O'Barry's Dolphin Project* -hanketta.

O'Barryllä on kokemusta runsaan parinkymmenen delfiinin vapauttamisesta. Onnistumisen edellytyksenä on, että vankeudessa elänyt yksilö saa asteittain tottua delfinaarioista puuttuviin elementteihin kuten vuoroveteen, eläviin kaloihin ja vähitellen myös petoihin.[138]

Vapaudessa elämisen onnistumisen neljä ehdotonta vaatimusta ovat: (1) Delfiini on terve ja hyvässä fyysisessä kunnossa, (2) Eläimen on osattava käyttää monipuolista tutka- tai kaikuluotainjärjestelmää, jota ei ole altaissa tarvittu, (3) Delfiinin on pystyttävä saalistamaan eläviä kaloja, ja (4) Yksilön on pystyttävä puolustautuman meressä eläviä vihollisia vastaan.

Pelkästään vankeudessa eläneen eläimen siirto toiseen vankilaan on delfiinille vakavan stressaavaa, eikä kotoutuminen uuteen asuinpakkaan aina onnistu. Dramaattinen esimerkki lakkautetusta delfinaariosta toiseen laitokseen siirretyn delfiinin tylystä kohtalosta on Tampereen Särkänniemestä elokuussa 2016 Kreikkaan Attikan eläinpuistoon (*Attica Zoological Park*) siirretty Delfi, joka kuoli varsin pian (tammikuussa 2017) uuteen puistoon saavuttuaan. Myös jatkossa Särkänniemen delfiinit ovat joutuneet siirtojen vaikeuksien todistajaksi. Alun perin luonnosta vuonna 1984 Meksikonlahdelta vangittu ja Särkänniemeen tuotu Veera siirrettiin 2016 Attikaan ja vuonna 2020 Italian *Oltramareen*, jossa naaras kuoli kesäkuussa 2021 (Särkänniemestä tarkemmin luvussa 5, sivulta 34).

Vastaavia hälyttäviä esimerkkejä lakkautettujen delfinaarioiden eläinten siirroista muihin laitoksiin on raportoitu ainakin Espanjasta, Ranskasta ja Sveitsistä.

Euroopassa yhä useampi delfinaario on joutunut lopettamaan tai supistamaan toimintaansa oikeuden tai viranomaisten päätöksillä, joten lakkautettavien laitosten eläimille on yhä vaikeampaa löytää uutta kotipaikkaa teemapuistoista tai delfinaarioista. Vaihtoehtona voi tulevaisuudessa olla eurooppalaisten delfiinien siirto Kiinaan, jossa uusia merinisäkäspuistoja rakennetaan vilkkaaseen tahtiin. Eläinsuojelun vaatimuksien täyttymistä on tällaisissa tapauksissa vaikea valvoa.

Ainoa hyväksyttävä tapa huolehtia lakkautettujen delfinaaroiden eläinten hyvinvoinnista olisi siirtää delfiinit ja muut laitostuneet merinisäkkäät valvottuihin ja ainakin alkuvaiheessa ihmisen tarjoamaa suojaa ja palveluksia tarjoaville luonnonmukaisille merellisille suojelualueille. Tällaisia ei kuitenkaan valitettavasti ole tarjolla Euroopassa ainuttakaan. Delfinaarioiden kieltopäätöksiä tekevien oikeusistuinten, viranomaisten tai maiden hallitusten tulisikin mikä pikimmin ryhtyä konkreettisiin toimiin merellisten suojelualueiden verkon kehittämisessä.[139]

Suojelualueillakin vaaroja

Pelkkä tietyn merialueen julistaminen delfiinien tai valaiden suojelualueeksi – vaikka alueelle asetettaisiin esimerkiksi laivaliikenteen tai kalastuksen rajoituksia – ei riitä turvaamaan merinisäkkäiden rauhaa. Australialaisen Victoria-yliopiston tutkijan Leia Howesin johdolla *Ticonderoga Bay Sanctuary Zone* -suojelualueella tehdyssä tarkkailussa kaikki valaidentarkkailumatkoja suorittavat alukset rikkoivat asetettuja, eläimiin pidettäviä minimietäisyyksiä.

Australian etelärannikolla, maanosan suurimman kaupungin Melbournen edustalla sijaitseva suojelualue on perustettu turvaamaan merinisäkkäille levähdyspaikka ja suoja ihmistoiminnan aiheuttamalta stressiltä, esimerkiksi matkailijoille järjestettäviltä valaidentarkkailumatkoilta. Seurannassa oli 104 aluksilta tehtävää turistimatkaa. Asiantuntijaryhmän johtopäätös ja suositus olisikin, että passiivisten vesialueiden suojelumääräysten lisäksi tarvitaan aktiivista kontrollia ja merinisäkkäiden hoivaa ja huolenpitoa.[140]

17

Free Willy -elokuvien Keiko ei sopeutunut vapauteen

Eläinsadusta tulee harvoin todellisuutta, ja ikävästi kävi myös yhdelle kaikkien aikojen kuuluisimmista elokuvien eläintähdistä. *Free Willy* (*Vapauttakaa Willy*) -filmien pääosaa esittänyt miekkavalas vangittiin vuonna 1979 Islannin vesiltä noin kolmivuotiaana. Ensimmäiset vuotensa eläin vietti islantilaisessa meriakvaariossa, josta se myytiin vuonna 1982 Kanadan *Marineland*-vesipuistoon, ja siellä miekkavalaalle opetettiin delfinaarioista tuttuja temppuja. Vuonna1985 se myytiin meksikolaiseen teemapuistoon (nykyisin *Six Flags Mexico*).

Vuonna 1993 temppuja oppinut ja täysin ihmisen hoivissa jo yli vuosikymmen ajan elänyt, *Keiko*-nimen saanut miekkavalas oli päätähtenä neljässä miekkavalaan ja 12-vuotiaan pojan ystävyydestä kertovassa *Free Willy* -elokuvassa. Inhimillisiä piirteitä filmissä esitellyt miekkavalas nousi yleisön suureen suosioon, ja vaatimuksia Keikon vapauttamiseksi luontoon alkoi kuulua eri puolilta maailmaa.

Vaatimukset voimistuivat viimeisen elokuvan loppukohtauksen ansiosta. Siinä Keiko hyppää rannan tuntumassa olevasta altaasta muurin yli mereen ja vapauteen. Kampanjat keräsivät miljoonia dollareita rahaa vapautushankkeeseen, jota alettiinkin edistää. Pitkän sopeuttamisjakson jälkeen Keiko kuljetettiin synnyinvesilleen Islannin merialueille, jossa miekkavalasta totutettiin elämään vapaudessa muun muassa viemällä sitä lajitoveriensa yhteisöihin. Keiko ei kuitenkaan löytänyt yhteyttä vapaana eläviin miekkavalaisiin vaan hakeutui toistuvasti veneiden vierelle kalaruokintaa kerjäämään.

Lopulta Keiko katosi saattajiensa ja hoivaajiensa näkyvistä pitkiksi ajoiksi, kunnes se ilmestyi 1400 kilometrin päässä Norjan rannikolla kalastajien veneiden läheisyyteen. Pian kesy miekkavalas nousi paikalliseksi julkkikseksi, jota ihmisjoukot tulivat katsomaan – ja ruokkimaan – vieden vapautetulta miekkavalaalta viimeisetkin mahdollisuudet oppia ja sopeutua itsenäiseen elämään. Joulukuussa 2003 Keiko lopulta kuoli 27-vuotiaana Norjan rannikolla aliravittuna ja hyvin heikkoon kuntoon uupuneena.[141],[142],[143]

18

Delfinaarioilla myös puolustajia

Tiedeyhteisö ja asiantuntijat löytävät monia etuja

Merissä vapaina elävien ja ihmisen toimesta vangittujen ja sisämaan altaissa elävien nisäkkäiden vaikutusvaltaisin puolustaja on vuonna 1972 perustettu järjestö *The European Association for Aquatic Mammals* (EAAM). Järjestöön kuuluu asiantuntijoita alan laidasta laitaan – eläinlääkäreitä, biologeja, eläintarhojen ja eläinpuistojen henkilökuntaa, omistajia, johtajia, eläinkouluttajia, tutkijoita sekä eläintieteen ja meribiologian opiskelijoita ja tutkijoita sekä merieläinten hyvinvoinnista kiinnostuneita yksityisiä kansalaisia. EAAM:n tehtävänä on edistää merinisäkkäiden hyvinvointia niin merellä kuin suljetuissa allasoloissa järjestämällä ja rahoittamalla tutkimusta, eläinten terveydenhuoltoa, koulutusta ja suojelua.

Ajoittain kiivaitakin sävyjä saaneeseen keskustaluun delfinaarioiden oikeutuksesta, merinisäkkäiden vangitsemisesta ja villieläinten viihdekäytöstä EAAM otti vahvasti kantaa Kansainvälisen luonnonsuojelujärjestön (*International Union for Conservation of Nature*; IUCN) syyskuussa 2021 Brysselissä järjestetyn biodiversiteettikokouksen jälkeen. Järjestö julkaisi näyttävästi tiedotteen, jonka sanoma oli: *Lopettakaa panettelu:*

Eläintarhat eivät ole koskaan olleet yhtä tarkkoja tieteen ja lajien suojelun huomioimisessa!

Julkilausumassa, jonka allekirjoittajina oli 83 alan johtavissa asemissa toimivaa asiantuntijaa, korostetaan luonnon monimuotoisuuden turvaamisessa delfinaarioiden ja merieläinpuistojen merkitystä nisäkkäiden suojelussa ja eläinten hyvinvointia parantavassa tutkimuksessa:

> *"Me tämän lausunnon allekirjoittajat todistamme, että nykyaikaiset eläintarhat tarjoavat eläimille hyvät olosuhteet ja että tarhoilla on tärkeä merkitys lisätä yleisön tietoisuutta siitä yhä kasvavasta uhasta, jonka eläimet, erityisesti delfiinit ja pyöriäiset, kohtaavat luonnossa."*

EAAM:n julkilausuman tärkeänä pontimena oli keskustelu Ranskan delfinaarioiden kohtalosta, jonka nostivat julkisuuteen maan ympäristöministerin lausunnot sekä hallituksen päätös laitosten toiminnan lakkauttamisesta. Järjestön mukaan julkinen keskustelu sekä viranomaisten ja poliitikkojen päätökset nojaavat liian vähän tieteelliseen tutkimukseen ja keskittyvät asenteellisiin mielipiteisiin.

Brysselin biodiversiteettikokouksen hälyttävä ja kaikkien todeksi tunnustama johtopäätös on, että maailman luonnon monimuotoisuuden kato etenee ennen näkemättömän tuhoisasti. Jopa 30 prosenttia Kansainvälisen luonnonsuojeluliiton (IUCN) asiantuntijapaneelin arvioimista 138'374 niin kutsutun Punaisen kirjan lajeista ovat vaarassa kuolla sukupuuttoon.

Vuonna 2021 julkaistun IUCN:n merinisäkkäiden asiantuntijaryhmän (IUCN SSC) raportin mukaan 46 prosenttia maailman valaista ja delfiineistä kuuluu uhanalaisluokituksessa haavoittuviin, vakavasti uhanalaisiin tai sukupuuttouhan alaisiin. Vuonna 2006 kiinalainen jokidelfiini julistettiin hävinneeksi, ja tätä nykyä ainakin puoli tusinaa delfiinilajia ovat vaarassa kadota ikiajoiksi.[144]

Delfinaario, joka on sairaala ja pelastuskeskus

Dolphin Tale -elokuvien tähti auttoi lääketiedettä

Delfinaariot ovat viime vuosina joutuneet ankarankin arvostelun kohteiksi tavoista, joilla merinisäkkäitä pidetään vankeudessa ja kohdellaan ihmistä palvelevina hyödykkeinä. Mutta delfinaario-käsitteen alle mahtuu päinvastaisiakin tapauksia, joista tunnetuin lienee Yhdysvalloissa, Floridan länsirannikolla toimiva *Clearwater Marine Aquarium*. Vuonna 1972 perustettu laitos toimii merestä pelastettujen, vammautuneiden tai heikkokuntoisten merinisäkkäiden hoito- ja kuntoutuspaikkana.

Maailmanmaineeseen Clearwater Marine Aquariumin nostivat koko perheen elokuvat *Dolphin Tale 1* ja *Dolphin Tale* 2 (*Delfiinitarina 1 & 2*), joiden pääosan esittäjä oli vuonna 2005 merestä vaikeasti vammautuneena pelastettu Winter-nimen saanut pullokuonodelfiini. Vain noin kolmen kuukauden ikäinen Winter oli jäänyt kiinni katkarapupyydyksen vaijeriin, josta irti rimpuilleessaan delfiini oli vahingoittanut pyrstönsä peruuttamattomasti toimintakelvottomaksi.

Winter siirrettiin laitokselle, jossa yli 150 vapaaehtoista ja akvaarion henkilökuntaan kuuluvaa hoitivat potilasta neljän kuukauden ajan 24/7 -periaatteella. Kuntoutus sai valtavasti julkisuutta, ja Winterin ansiosta Clearwateriin tulvi eläinten ystäviä todistamaan tulokkaan sitkeää kamppailua. Pyrstön vammat olivat kuitenkin niin pahoja, ja pahenivat parhaasta mahdollisesta huolenpidosta huolimatta, että ainoa mahdollisuus Winterin elämän pelastamiseksi oli kehittää eläimelle keinotekoinen pyrstö.

Vastaavaa ei ollut olemassa missään, joten hätiin tarvittiin parhaat amerikkalaiset proteesitekniikan tuntijat ja synteettisten raajojen valmistajat. Erittäin kalliin proteesikehittelyn ja valmistuksen kustannuksista vastasivat pääosin lahjoittajat, ennen kaikkea tekopyrstön valmistanut yritys työntekijöineen.

Paljon aikaa ja rahaa vaatineiden kehittelyjen jälkeen Winter saikin toimivan tekopyrstön, jollaisia kasvava eläin tarvitsi elämänsä aikana kaikkiaan kolme eri kokoista. Akvaarion ja kansalaisten sitoutuneisuutta osoittaa valtavan vapaaehtoisten joukon lisäksi valmius taloudellisiin uhrauksiin. Winterin suosio nosti akvaarion kävijämäärän nelinkertaiseksi, ja laitoksen tulot kasvoivat kuusinkertaisiksi. Maksavien asiakkaiden tulvan ansiosta laitos pystyi nousemaan vararikon partaalta hyvin toimeen tulevaksi, ja rakentamaan 80 miljoonaa dollaria maksaneen laajennusosan.

Winterin pyrstöproteesin kehittelytyössä löydettiin uusia ratkaisuja muun muassa tekojäsenen alle jäävän ihon suojaamiseksi kivuliaalta ja tautiriskejä aiheuttavalta kulumiselta.

Delfiinin pelastusoperaatiossa kehitetty menetelmä auttaa nykyisin ihmistenkin proteesien toimivuutta ja turvallisuutta.

Tekopyrstöstä huolimatta Winterin elämä Clearwaterissa ei voinut koskaan vastata elämää luonnossa. Muuttuneet liikeradat ja asennot johtivat hiljalleen myös eläimen sisäelinten haitallisiin muutoksiin, jollaisiin Winter kuoli 11.11.2021. Kolmen kuukauden ikäisenä poikasena merestä vakavasti loukkaantuneena pelastettu Winter eli hyvän hoidon ansiosta 16-vuotiaaksi.[145],[146]

19

Ongelmia myös Euroopan vesillä

Valaiden, delfiinien ja pyöriäisten uhanalaisuudesta puhuttaessa ongelmien oletetaan yleisesti keskittyvän kehittyvien, köyhien maiden vesille, joilla lait ja asetukset tai edes kansalaismielipide eivät anna samanlaista suojaa kuin esimerkiksi Eurooppaa ympäröivillä merillä asustaville merinisäkkäille. Täkäläisetkin valaseläimet ovat kuitenkin pulassa, toteaa 2021 julkaistu *Ocean Care* -organisaation tuorein selvitys.

Laiton pyynti, teollisen mittakaavan kalastuselinkeinon verkkoihin ja muihin pyydyksiin sivusaaliina joutuminen, öljy- ja kemikaalipäästöt meriin, muoviroskan hälyttävä lisääntyminen merivesissä ja yhä ajankohtaisemmaksi muuttuva ilmaston ja meriveden lämpeneminen ovat valaseläimille jokapäiväinen uhka.

Historiallisesti valaseläinten asema ei ole ollut mitenkään vahva, ja varsinkin kaupallinen valaanpyynti verotti eläinkantoja voimakkaasti. Tilastojen mukaan ainakin 50 000 valaseläintä on tapettu eurooppalaisilla vesillä, ennen nykyisten rajoitusten ja eläinsuojeluasenteiden kehittämistä. Mutta ei tappaminen ole loppunut vieläkään.

Norja ja Islanti ovat ottaneet erivapauksia kansainvälisen, kaikki lajit kattavan valaanpyyntikiellon rikkomiseksi. Valaanpyynti naamioidaan hyväksyttäväksi ”tieteellisen tiedon hankkimiseksi”, jotta eläinten suojelua voitaisiin tehostaa. Todellisuudessa lähes koko saalis päätyy jalostettavaksi ihmisten ruokapöytiin, ennen kaikkea Aasian maihin vietäväksi.[147]

Färsaarten delfiiniteurastus 2021 hätkähdytti maailmaa

Delfiinitkään eivät ole turvassa. Syksyllä 2021 koko maailma hätkähti, kun Tanskalle kuuluvan Färsaarten itsehallintoalueen vesillä tapettiin yhdessä operaatiossa noin 1400 delfiiniä. Valaseläinten pyynti on Färsaarilla elinkeino ja ikimuistoinen perinne, mutta vuoden 2021 delfiiniteurastuksessa tapettujen eläinten määrä oli suurempi kuin koskaan aikaisemmin.[148], [149]

Delfiinien tappaminen kuuluu Färsaarilla perinteisiin, ja nisäkkäiden lihat on jaettu syrjäisen saariryhmän asukkaille. Tämän päivän maailmaan moinen meno ei enää sovi. Yhden päivän aikana toteutettu verinen teurastus herätti niin valtavan kohun, että itsehallintoalueen hallitus ilmoitti pikaisesti ”miettivänsä delfiiniasiaa uudelleen”.[150]

Färsaarten delfiiniteurastustakin dramaattisempaa merinisäkkäiden pyyntiä ja tappamista harjoitetaan Japanissa. Taiji-nimellä tunnettavassa vuosittaisessa lahtaamisessa tapetaan jopa yli 20’000 delfiiniä, ja joitakin hyväkuntoiseksi arvioituja yksilöitä vangitaan elävinä, myöhemmin akvaarioihin ja delfinaarioihin myytäviksi. Etenkin Kiinan kasvava delfinaarioala tarvitsee jatkuvasti merestä vangittuja eläimiä, joita japanilaiset hankkivat. Viihde-esiintyjiksi vangitut ja koulutetut delfiinit ovat huomattava tulonlähde paikallisille, sillä ihmisten ruokapöytiin toimitettavaksi tapetun delfiinin hinta on 500–600 dollaria, kun delfinaariolle vangittu ja koulutettu eläin tuottaa jopa 80'000 dollaria.

Taijin kaupungin rantavesillä tapahtuvan delfiinilahtauksen brutaali raakuus tuli julkisuuteen, kun paikalla salaa vuonna 2009 kuvattu *The Cove – meren salaisuus* -elokuva (ohjaaja Louie Psihoyos) voitti vuoden 2010 dokumenttielokuvien Oscar-palkinnon ja pääsi kansainväliseen levitykseen.

Japanissa niin eläinten vangitsijat ja lahtaajat, delfiininlihan välittäjät ja myyjät kuin maan viranomaisetkin vetoavat Taijin oikeutukseen, koska delfiinijahti kuuluu japanilaisen kansanperinteeseen. Väite on perusteeton, sillä Taijin kaupungin historian mukaan lahtaaminen on nykymuodossaan aloitettu vasta vuonna 1969.[151],[152]

Uhanalaisuus ei peruste delfinaarioihin vangitsemiselle

Merinisäkkäiden uhanalaisuus on yksi perusteista, joilla delfiinejä ja valaita pidetään delfinaarioissa ja teemapuistoissa. Eläinten vangittuna pitäminen on aina ollut delfinaarioiden omistajien ja ylläpitäjien mukaan eläinsuojelutyötä, jolla harvinaistuneiden lajien geenivaroja pystytään säilyttämään ja hoitamaan. Se, että suuret merinisäkkäät pakotetaan elämään ahtaissa altaissa ja täysin lajien luonnonmukaisista oloista poikkeavassa vankeudessa, on perinteisesti kuitattu sillä, että valtaosa delfinaarioiden eläimistä on syntynyt vankeudessa: Jos merinisäkäs ei ole koskaan merta nähnytkään, ei se tämän tulkinnan mukaan vapautta kaipaisikaan.

Julkisuudessa delfinaarioiden ja merieläinpuistojen vankilaolojen ankaruutta usein tietoisesti korostetaan. Mutta tulkitaan sisämaassa ja usein sisätiloissa sijaitsevia altaita delfiinien tai valaiden kotipaikkoina miten tahansa, luonnonmukaisuutta niistä ei löydy hitustakaan.

Delfiinien ja valaiden vapauttamista vaativissa kampanjoissa vedotaan usein eläinten kokemaan stressiin ja altaissa todettuihin vammautumisiin tai kuolemantapauksiin. Terveydellisten haittojen esiintyminen on näissä tapauksissa usein vain epäsuorasti pääteltävissä, mikäli delfinaariot ja puistot eivät ole julkistaneet perusteellisten eläinlääkärien tarkastusten tuloksia. Tällaiset lausunnot ovat harvinaisia.

Merinisäkkäitä ylläpitävillä laitoksilla on palveluksessaan eläinlääkäreitä, mutta heidän tutkimuksistaan ei ole aina käytettävissä julkaistuja tietoja, joten villeihinkin – ja usein vääriin – johtopäätöksiin voidaan päätyä kannanotoissa.

Ja lopuksi arvio delfinaarioeläinten avun tarpeesta. Ylivoimaisesti yleisin delfinaarioissa ja akvaarioissa vangittuna pidettävä laji on pullokuonodelfiini (*Tursiops truncatus*), joka ei ole missään päin maailmaa vakavasti harvinaistunut tai uhanalainen. Viime vuosikymmenen lopulla pullokuonodelfiinien kannan arvioitiin käsittävän ainakin 750 000 yksilöä.[153]

Lähdeluettelo

[1] ORCA. 2021. *The State of European Cetaceans*; ORCA_The_State_of_European_Cetaceans_2021_Report.pdf (orcaweb.org.uk)

[2] Dudzinski KM & Frohoff T. 2008. *Dolphin Mysteries. Unlocking the Secrets of Communication.* 244 pp. Yale University Press. New Haven & London. ISBN 978-0-300-1211-4

[3] Telkänranta Helena. 2016. *Eläin ja ihminen. Mikä meitä yhdistää?* Suomalaisen Kirjallisuuden Seura, Helsinki. ISBN 978-952-222-710-2

[4] Animal Welfare Institute, 2021. Confinement of Marine Life; Confinement of Marine Life (awionline.org)

[5] Cajader Riku. 2021. *Valaat. Valtamerten vaeltajat.* Minerva Kustannus Oy. ISBN 978-952-375-311-2

[6] Turner D. 2019. Cetaceans in tourism: how can we ensure their protection and survival? Animondial, 8.6.2019; Cetaceans in tourism: how can we ensure their protection and survival? – ANIMONDIAL

[7] MacQueeney M, Collier MAM, Simard P & Gowans S. 2021. Characterizing human interactions with bottlenose dolphins (*Tursiops truncatus*) in Tampa Bay. Human Dimensions of Wildlife (online, 10.7.2021); DOI: 10.1080/10871209.2021.1950241

[8] Dudzinski KM & Frohoff T. 2008. *Dolphin Mysteries.* 244 pp. Yale University Press. New Haven & London. ISBN 978-0-300-1211-4

[9] Brando S, Broom DM, Acasuso-Rivero C & Clark F. 2018. Optimal marine mammal welfare under human care: Current efforts and future directions. Behavioural Processes 156: 16–36; https://doi.org/10.1016/j.beproc.2017.09.011

[10] Miller LJ, Vicino GA, Sheftel J & Lauderdale LK. 2020. Behavioral Diversity as a Potential Indicator of Positive Animal Welfare. Animals *10*(7), 1211; https://doi.org/10.3390/ani10071211

[11] Lauderdale LK, Shorter KA, Zhang D, Gabaldon J, Mellen JD, Walsh MT, Granger DA & Miller LJ. 2021. Bottlenose dolphin habitat and management factors related to activity and distance traveled in zoos and aquariums. PLoS ONE 16(8): e0250687. https://doi.org/10.1371/journal.pone.0250687

[12] Lauderdale LK, Shorter KA, Zhang D, Gabaldon J, Mellen JD, Walsh MT, Granger DA & Miller LJ. 2021. Bottlenose dolphin habitat and management factors related to activity and distance traveled in zoos and aquariums. PLoS ONE 16(8): e0250687. https://doi.org/10.1371/journal.pone.0250687

[13] Mercera K, Pilot-Storck F, Mercera B, Gilbert C & Delfour F. 2021. Exploration of fecal glucocorticoid metabolites in the Bottlenose dolphin (*Tursiops truncatus)* under human care by enzyme immunoassay. Aquatic Mammals, 47(3): 227–238; DOI: https://doi.org/10.1578/AM.47.3.2021.227

[14] Scott-Reid J & McArthur J-A. 2019. Current state of cetacean captivity. We Animals Media, 19.11.2019; The Current State of Cetacean Captivity - We Animals Media

[15] Animal Welfare Institute. 2021. Wild vs. Captivity; Wild vs. Captivity (awionline.org)

[16] Wikipedia. List of dolphinariums; List of dolphinariums - Wikipedia (luettu 25.11.2021)

[17] O'Barry R. 2021. EU demo was a big success; Dolphin Project, 1.7.2021; EU Demo a Big Success! | Dolphin Project

[18] Animal Welfare Institute, 2021. Confinement of Marine Life; Confinement of Marine Life (awionline.org)

[19] European Parliament. 2020. Question for written answer E-001674/2020 to the Commission. Subject: Time to phase-out dolphinariums in the EU; Time to phase-out dolphinariums in the EU (europa.eu)

[20] NEUVOSTON ASETUS (EY) N:o 338/97, annettu 9 päivänä joulukuuta 1996, luonnonvaraisten eläinten ja kasvien suojelusta niiden kauppaa sääntelemällä;
Euroon yhteisöjen Virallinen lehti, 3.3.1997, https://eur-lex.europa.eu/legal-content/FI/TXT/PDF/?uri=OJ:L:1997:061:FULL&from=FI

[21] Eduskunta. 1999. Kirjallinen kysymys 693/1999 vp. Delfiinien käytön kieltäminen sirkuseläiminä; Kirjallinen kysymys KK 693/1999 vp (eduskunta.fi)

[22] SEY, Suomen Eläinsuojeluyhdistysten liitto, 2.9.2016; Suomalaiset eläinjärjestöt yhtä mieltä: Delfiinien viihdekäytön on loputtava - SEY Suomen eläinsuojelu

[23] Maa- ja metsätalousministeriö. 2021. Eläinsuojelulaista tulee eläinten hyvinvointilaki; Eläinsuojelulaki - Maa- ja metsätalousministeriö (mmm.fi)

[24] Hallituksen esitys eduskunnalle laiksi eläinten hyvinvoinnista ja eräiksi siihen liittyviksi laeiksi; 1 (mmm.fi)

[25] Animalia. 2021. Kysely: 74 % suomalaisista haluaa eläinten itseisarvon lakiin; Kysely: 74 % suomalaisista haluaa eläinten itseisarvon lakiin - Animalia

[26] Vedenpää V. 2015. Tampereen Särkänniemen delfinaario lopetetaan. YLE Uutiset, 27.10.2015; Tampereen Särkänniemen delfinaario lopetetaan | Yle Uutiset

[27] Sands S. 2015. Another one bites the dust: Finnish dolphinarium closes.
Dolphin Project; https://www.dolphinproject.com/blog/another-one-bites-the-dust-finnish-dolphinarium-closes/

[28] Tolonen A. 2016. Särkänniemen delfiinit on nyt kuljetettu Kreikkaan – näin kaikki tapahtui. Aamulehti 28.8.2016; Särkänniemen delfiinit on nyt kuljetettu Kreikkaan – näin kaikki tapahtui - Kotimaa - Aamulehti

[29] YLE News, 29.8.2016. Särkänniemi dolphins leave Finland for Greece; https://yle.fi/uutiset/osasto/news/sarkanniemi_dolphins_leave_finland_for_greece/9125941

[30] Koskinen A.L. 2021. Särkänniemestä ulkomaille siirretty Veera-delfiini on kuollut. YLE Uutiset, 7.6.2021; Särkänniemestä ulkomaille siirretty Veera-delfiini on kuollut | Yle Uutiset

[31] • YLE News, 7.6.2021; Dolphin that gained fame in Finland dies in captivity in Italy | Yle Uutiset | yle.fi

[32] Dolphinaria-Free Europe, 3.6.2021; Veera the dolphin dies at Italian facility – Dolphinaria-Free Europe (dfe.ngo)

[33] Tuomivaara S. 2019. *Syötävät koirat ja sympaattiset siat – Eläinten kohtaamisesta*. Into Kustannus Oy, Helsinki. ISBN: 978-952-351-274-0

[34] Ansami Kaisa. 2015. Särkänniemen delfinaario – kappaleita epävirallisesta historiikista. Teoksessa: *Eläimet yhteiskunnassa* (Elisa Aaltola & Sami Kero, toim.), sivut 223–244. Into Kustannus Oy, Helsinki. ISBN: 978-952-246-372-8

[35] Siltanen M. 2015. YLE Uutiset, 27.10.2015; Syntymästä kuolemaan – katso millainen historia Särkänniemen delfinaariolla on | Yle Uutiset (Uutisessa linkit 42 muuhun Särkänniemiuutiseen vuosien varrelta).

[36] Eurogroup for Animals, 23.3.2021. Wild animals in EU Circuses. Problems, Risks and Solutions. Updated edition; E4A-Circus_Report-09-08-2021.pdf (eurogroupforanimals.org)

[37] Lätti N. 2017. Delfinaariot. Teoksessa: Kivelä M, Lahtinen V & Uotila L. (Toimittajat), *Uusi eläinlaki* sivut 105–115. Into Kustannus Oy, Helsinki. ISBN 978-952-264-758-0

[38] Williamson C, Bailey R & Stansfield L. 2015. *Zoo Inquiry, Dolphinaria. A review of the keeping of whales and dolphins in captivity in the European Union and EC directive 1999/22, relating to the keeping of wild animals in zoos*; https://us.whales.org/wp-content/uploads/sites/2/2018/08/eu-dolphinaria-report-2015.pdf

[39] Miller LJ, Zeigler-Hill V, Mellen J, Koeppel T, Greer T & Kuczai S. 2013. Dolphin Shows and Interaction Programs: Benefits for Conservation Education?; ZooBiology, 32(1): 45-53; https://doi.org/10.1002/zoo.21016

[40] Palmer MJ. 2021. Kiska: Plight of the Loneliest Orca in the World. International Marine Mammal Project, 3.11.2021; Kiska: Plight of the Loneliest Orca in the World - International Marine Mammal Project (eii.org)

[41] Palmer MJ. 2020. Meet Corky, the longest-held orca in captivity.
International Marine Mammal Project, 21.5.2020; Meet Corky, the Longest-Held Orca in Captivity - International Marine Mammal Project (eii.org)

[42] Human Aquarium. 2018. A history of dolphins and whales in UK dolphinariums; Human Aquarium | A history of dolphins and whales in UK dolphinariums

[43] Jones C. 2016. Dolphins on display: How UK's 'Seaworlds' sank,
BBC News, 19.3.2016; https://www.bbc.com/news/uk-england-35832175

[44] Britcher C. 2021. From Fantaseas in Dartford, to Dickens World and Margate's Dolphinarium - Kent's long lost tourist attractions. Kent Online, 19.1.2021; From Fantaseas in Dartford, to Dickens World and Margate's Dolphinarium - Kent's long lost tourist attractions (kentonline.co.uk)

[45] Ukdolphinaria.blogspot.com. Queen's Hotel Dolphinarium: Margate: 1969–1977; UK Dolphinaria Archive: Queen's Motel Dolphinarium: Margate: 1969 - 1977

[46] Reuters, 29.9.2020; France to ban use of wild animals in circuses | Reuters

[47] France 24, 29.9.2020; France to ban mink farms and wild animals in travelling circuses - France 24

[48] Dolphinaria-Free Europe, 25.1.2021. Parc Astérix to permanently end their dolphin shows; Parc Astérix to permanently end their dolphin shows – Dolphinaria-Free Europe (dfe.ngo)

[49] Dolphinaria-Free Europe, 1.2.2021. Parc Astérix transfer seven dolphins to other facilities in Europe; Parc Astérix transfer seven dolphins to other facilities in Europe – Dolphinaria-Free Europe (dfe.ngo)

[50] Planète Sauvage. Meidän tehtävämme| Villi planeetta (planetesauvage.com)

[51] One Voice, 16.6.2020; Birth and death in a dolphinarium – a week in a pool - One Voice (stop-angora.fr)

[52] Planète Sauvage. Le safari park à 15 min de Nantes; Planète Sauvage | Zoo & parc animalier à 15 minutes de Nantes (planetesauvage.com)

[53] Boudewijn Seapark; Dolphinarium - Boudewijn Seapark - Dolfinarium | Pretpark | Waterpark in Brugge

[54] Marine Connection, 16.2.2021; Belgium to consider closing Bruges dolphinarium by 2022 | Marine Connection

[55] Dolphinaria-Free Europe, 21.4.2021. Legislation bans captive cetacenas in Brussels Capital region; Legislation bans captive cetaceans in Brussels Capital Region – Dolphinaria-Free Europe (dfe.ngo)

[56] Dolphinaria-Free Europe, 20.4.2021; Changes to dolphin show at Harderwijk – Dolphinaria-Free Europe (dfe.ngo)

[57] Marine Connection, 20.4.2021; Harderwijk say dolphin show will be more 'educational' | Marine Connection

[58] Netherland News Live, 28.9.2021; Dolphinarium can sell animals to zoos in China "if welfare standards are met" - Netherlands News Live

[59] NL Times, 27.9.2021. Petition to ban dolphin breeding signed 80,000 times; Petition to ban dolphin breeding signed 80,000 times | NL Times

[60] Kirby D. 2014. Here's all the places around the world that ban orca captivity. Takepart, 10.4.2014; http://www.takepart.com/article/2014/04/10/all-states-countries-and-cities-ban-orcas-captivity

[61] Dolphinaria-Free Europe, 1.5.2018. Barcelona – first city in Europe to declare itself officially free of cetaceans in captivity; http://dfe.ngo/barcelona-first-city-in-europe-to-declare-itself-officially-free-of-cetaceans-in-captivity/

[62] Historical! The Barcelona Zoo closes its dolphinarium! World Animals Voice, 21.7.2021; Historical! The Barcelona Zoo closes its dolphinarium! – World Animals Voice

[63] Marine Connection, 29.10.2020; Ruling will force Palmitos Park to close their dolphin facility | Marine Connection

[64] LAV (Lega Anti Vivisezione), 19.5.2019. LAV wins against Zoom
arine: Stop the swimming with dolphins; LAV wins against Zoomarine: stop the swimming with dolphins - LAV

[65] Dolphinaria-Free Europe, 17.3.2020. The Region of Attica revokes the license of Attica Zoological Park's dolphinarium; http://dfe.ngo/the-region-of-attica-revokes-the-license-of-attica-zoological-parks-dolphinarium/

[66] Lindstedt S. 2020. Luvat peruttu – suljetaanko Attican delfinaario? AnimaliaMedia, 20.3.2020; https://animaliamedia.fi/luvat-peruttu-suljetaanko-attican-delfinaario/

[67] For a dolphinarium-free Europe. Hungary is a dolphinarium-free country; https://foraeuropedolphinariumfree.weebly.com/hungary.html

[68] Kolba G. 2018. Hungary to open its first dolphinarium in Budapest. DailyNewsHungary, 1.12.2018; https://dailynewshungary.com/hungary-to-open-its-first-dolphinarium-in-budapest/

[69] Dolphinaria-Free Europe, 13.10.2019; No dolphins for Tropicarium, Budapest – Dolphinaria-Free Europe (dfe.ngo)

[70] Animal Friends Croatia, 4.10.2017. Parliament Ratified the New Animal Protection Act; https://www.prijatelji-zivotinja.hr/index.en.php?id=2033k

[71] Dolphin-Free Europe, 23.8.2019; Festa Dolphinarium Varna dolphin death – Dolphinaria-Free Europe (dfe.ngo)

[72] Marine Connection, 29.5.2020; New dolphinarium in Bulgaria – help stop this! | Marine Connection

[73] Palmer MJ. 2020. Russia: Government panel rejects proposed ban on Cetacean captures. International Marine Mammal Project, 16.7.2020; Russia: Government Panel Rejects Proposed Ban on Cetacean Captures - International Marine Mammal Project (eii.org)

[74] Dudzinski KM & Frohoff T. 2008. *Dolphin Mysteries. Unlocking the Secrets of Communication.* 244 pp. Yale University Press. New Haven & London. ISBN 978-0-300-1211-4

[75] Yahoo News, 10.4.2014. Here's all the places around the world that ban orca captivity; Here's All the Places Around the World That Ban Orca Captivity (yahoo.com)

[76] We Animals Media, 19.11.2019. The current state of cetacean captivity; https://weanimalsmedia.org/2019/11/19/the-current-state-of-cetacean-captivity/

[77] Aquilera J. 2020. Sea World ends dolphin 'surfing¨and related stunts during its shows. TIME, 7.2.2020; https://time.com/5780172/seaworld-ends-dolphin-surfing/

[78] Tate C. 2020. SeaWorld will stop letting trainers ride dolphins, but PETA wants more. USA Today, 10.2.2020; https://eu.usatoday.com/story/travel/news/2020/02/10/seaworld-stop-letting-trainers-ride-dolphins-but-peta-wants-more/4715479002/

[79] Boissat L, Thomas-Walters L & Verissimo D. 2021. Nature documentaries as catalysts for change: Mapping out the 'Blackfish Effect'. Nature and People, Published Online 6.6.2021; https://doi.org/10.1002/pan3.10221

[80] Kirkwood B. 2020. SeaWorld going bankrupt, offered 250k to become sanctuary and retire animals. Vegan News Now; https://vegannewsnow.com/2020/04/10/peta-seaworld-help/amp/

[81] International Marine Mammal Project, 21.7.2020; 19 Groups Urge Congress to Phase Out Captivity of Whales and Dolphins - International Marine Mammal Project (eii.org)

[82] Sands C. 2021. (Another) Orca dead in Seaworld. Dolphin Project, 20.8.2021; (Another) Orca Dead at SeaWorld | Dolphin Project

[83] Palmer MJ. 2021. Something Rotten at the Miami Seaquarium. International Marine Mammal Project, 13.10.2021; Something Rotten at the Miami Seaquarium - International Marine Mammal Project (eii.org)

[84] Brasileiro A. 2021. Five dolphins and a baby sea lion died at Miami Seaquarium in a year. Activists want answers. Miami Herald, 13.9.2021; Dolphins and a sea lion died. What's happening at Miami Seaquarium? | Miami Herald

[85] *Blackfish.* 2013. Dokumenttielokuva. 83 minuuttia. Ohjaus Garbriela Cowperthwaite. Magnolia Pictures.

[86] Boissat L, Thomas-Walters L & Verissimo D. 2021. Nature documentaries as catalysts for change: Mapping out the 'Blackfish Effect'. Nature and People, Published Online 6.6.2021; https://doi.org/10.1002/pan3.10221

[87] Sands C, Dolphin Project, 7.10.2021; Serious Problems Cited During Miami Seaquarium Inspection | Dolphin Project

[88] Berry G. 2019. Dolphinaris Arizona will no longer hold dolphins. Whale & Dolphin Conservation USA (WDC), 19.2.2019; https://us.whales.org/2019/02/19/dolphinaris-arizona-will-no-longer-hold-dolphins/

[89] Knaggs A. 2019. Controversial dolphinarium to reopen under new concept following dolphin deaths. Healthclubmanagement UK, 28.2.2019; Controversial dolphinarium to reopen under new concept following dolphin deaths (healthclubmanagement.co.uk)

[90] Walker M. 2019. Dolphinaris moves all dolphins to Virgin Islands, will not bring any back; ABC 15.com, 20.2.2019; Dolphinaris moves all dolphins, will not bring them back (abc15.com)

[91] National Public Radio, Inc. (npr), 11.6.2019. Canada Bans Keeping Whales And Dolphins In Captivity; https://www.npr.org/2019/06/11/731570415/canada-bans-keeping-whales-and-dolphins-in-captivity?t=1591242161398

[92] Scott-Reid J & McArthur J-A. 2019. Current state of cetacean captivity; We Animals Media, 19.11.2019; The Current State of Cetacean Captivity - We Animals Media

[93] Sullivan K. 2018. It's Official: Mexico City Has Banned Dolphinariums. PETA, 3.7.2018; https://www.peta.org/blog/mexico-city-officially-bans-dolphinariums/

[94] Empty the Tanks. 2019. Dolphin exploitation in Mexico; https://emptythetanks.org/mexico/

[95] The Guardian (Associated Press, La Paz), 31.7.2009. Bolivia bans all circus animals; https://support.theguardian.com/eu/subscribe/weekly?promoCode=WWM52X&INTCMP=gdnwb_copts_housead_gweekly_ROSEUR_billboard&acquisitionData=%7B%22source%22%3A%22GUARDIAN_WEB%22%2C%22componentType%22%3A%22ACQUISITIONS_HOUSE_ADS%22%7D#benefits

[96] WDCS. 2006. Marine mammals – Guidelines and criteria associated with captivity; http://www.car-spaw-rac.org/IMG/pdf/OVERVIEW_CAPTIVITY_MARINE_MAMMALS_WCR.pdf

[97] WSPA. 2003. Nicaraguan government bans dolphin exploitation. http://www.eurocbc.org/page698.html

[98] Shivastava KS. 2013. India bans use of dolphins for commercial entertainment. DownToEarth, 21.5.2013; India bans use of dolphins for commercial entertainment (downtoearth.org.in)

[99] Clifton M. 2020. India bans dolphin exhibitions. Animals 24–7; 15.11.2020; India bans dolphin exhibitions - Animals 24-7

[100] Hong Kong Dolphin Conservation Society (HKDCS). About the China Cetacean Alliance,; China Cetacean Alliance - Hong Kong Dolphin Conservation Society (hkdcs.org)

[101] Lidman M & Tress L. 2018. Show's over for Tel Aviv's Dolphinarium eyesore. The Times of Israel, 16.5.2018; Show's over for Tel Aviv's Dolphinarium eyesore | The Times of Israel

[102] Marine Conservation, 31.5.2021; Dolphins illegally captured for entertainment purposes | Marine Connection

[103] Grigoryan M. 2013. Armenia: Yerevan's Dolphinarium Closes Amidst Controversy. Eurasianet, 11.3.2013; Armenia: Yerevan's Dolphinarium Closes Amidst Controversy | Eurasianet

[104] Australian Government Publishing Service. 1985. Whales and Dolphins in Captivity; Report - Dolphins and whales in captivity (endcap.eu)

[105] Australasian Leisure Management, 26.2.2021; NSW Government bans dolphin breeding and importation of marine mammals - Australasian Leisure Management (ausleisure.com.au)

[106] SeaWorld, Queensland Australia. Our World of the Dolphin; https://seaworld.com.au/attractions/shows-and-presentations/our-world-of-dolphin-presentation

[107] Dolphin Marine Conservation Park; Home - Dolphin Marine Conservation Park

[108] TravelMole, 2.9.2019; New Zealand bans swimming with dolphins; https://www.travelmole.com/news_feature.php?news_id=2039061&c=setreg&region=2

[109] Coulton A. 2018. Shocking: Report finds animal abuse in nearly all of Bali's wildlife tourism venues. TravelWeekly, 22.5.2018; Shocking: Report finds animal abuse in nearly ALL of Bali's wildlife tourism venues – Travel Weekly

[110] Dolphin Project (Ric O'Barry's Dolphin Project). 2021: Umah Lumba Rehabilitation, Release and Retirement Center | Dolphin Project

[111] Dolphin Project, 13.4.2020. Dolphin amusement park closes in Bali; https://www.dolphinproject.com/blog/dolphin-abusement-park-closes-in-bali/

[112] World Animal Protection. 2018. Wildlfe Abusement Parks. Wildlife tourism entertainment in Bali, Lombok and Gili Trawangan. 36 s; https://www.worldanimalprotection.nl/sites/default/files/wildlife_abusement_parks_bali.pdf

[113] One V*oice, 6.4.2020.* Cetaceans also die from coronaviruses: let's close the dolphinariums and ban their export to China!; *https://one-voice.fr/en/presse/cetaceans-also-die-from-the-coronavirus-lets-close-the-dolphinariums-and-ban-their-export-to-china*

[114] Carbary R. 2020. Captive dolphins left in poor conditions amid pandemic. Dolphin Project, 17.7.2020.; https://www.dolphinproject.com/blog/captive-dolphins-left-in-poor-conditions-amid-pandemic/

[115] Will SA. 2020. Dolphin therapy: High hopes, empty promises? Ceta Journal, 9.6.2020; Ceta Journal, 9.6.2020; Dolphin Therapy: High Hopes, Empty Promises? – Ceta Journal

[116] Dudzinski KM & Frohoff T. 2008. *Dolphin Mysteries. Unlocking the Secrets of Communication.* 244 pp. Yale University Press. New Haven & London. ISBN 978-0-300-1211-4

[117] Shawky AM, Christiansen F & Ormond R. 2020. Effects of swim-with-dolphin tourism on the behaviour of spinner dolphins, at Samadai Reef in the Egyptian Red Sea; Aquatic Conservation, Marine and Freshwater Ecosystems 30(7): 1373–1384; https://doi.org/10.1002/aqc.3332

[118] Constantine R. 2006. Increased avoidance of swimmers by wild bottlenose dolphins (*Tursiops truncatus*) due to long-term exposure to swim-with-dolphin tourism. Marine Mammal Science 17(4): 689–702; https://doi.org/10.1111/j.1748-7692.2001.tb01293.x

[119] Pagel CD, Scheer M & Lück M. 2017. Swim encounters with killer whales (*Orcinus orca*) off Northern Norway: interactive behaviours directed towards human divers and snorkellers obtained from opportunistic underwater video recordings. Journal of Ecotourism, 16(2): 190–200, 2017; https://doi.org/10.1080/14724049.2016.1273939

[120] Lück M & Porter BA. 2019. Experiences on swim-with-dolphins tours: an importance–performance analysis of dolphin tour participants in Kaikoura, New Zealand. Journal of Ecotourism, 18(1): 25–41; https://doi.org/10.1080/14724049.2017.1353609

[121] Bach L & Burton Michael. 2017. Proximity and animal welfare in the context of tourist interactions with habituated dolphins. Journal of Sustainable Tourism, 25(2); 181–197; https://doi.org/10.1080/09669582.2016.1195835

[122] Rokou T. 2018. Dolphin Encounters achieves Humane Certification for animal welfare. TravelDailyNews International 11.4.2018; https://www.traveldailynews.com/post/dolphin-encounters-achieveshumane-certification-for-animal-welfare

[123] Kelly M. 2016. TripAdvisor backs animal rights, blacklists elephant riding, tiger petting, swim with dolphins & more … *TravelTrends,* 12.10.2016; http://www.traveltrends.biz/ttn555-tripadvisor-backs-animal-rights-bans-hundreds-of-touching-attractions/

[124] Berry G. 2019. More Success! WDC's negotiations with travel giant TripAdvisor pay off. Whale and Dolphin Conservation (WDC), 2.10.2019; https://us.whales.org/2019/10/02/more-success-wdcs-negotiations-with-travel-giant-tripadvisor-pay-off/

[125] World Animal Protection. 2019. Don't be fooled by a smile; Don't be fooled by a smile | World Animal Protection

[126] TravelMole, 24.10.2019. Expedia under pressure to stop selling dolphin shows. https://www.travelmole.com/news_feature.php?news_id=2039853&c=setreg&region=2

[127] Groves H. 2019. Huge success for WDC campaign as Virgin Holidays ends SeaWorld trips. Whale and Dolphin Conservation (WDC), 16.7.2019; https://us.whales.org/2019/07/16/huge-success-for-wdc-campaign-as-virgin-holidays-ends-seaworld-trips/

[128] Sea Life. Welcome to the world's first Beluga Whale Sanctuary; Beluga Whale Sanctuary | Official Website | Buy Tickets Online to Save (sealifetrust.org)

[129] Marrero E, International Marine Mammal Project, 2018. Dolphins Held Captive for Decades Successfully Released; Dolphins Held Captive for 20 Years Successfully Released - International Marine Mammal Project (eii.org)

[130] Vinick C. 2021. What the "Free Willy" whale tells me about creating a sanctuary for captive whales and dolphins. The Whale Sanctuary Project, 25.10.2021; From Keiko to Kiska – Whales Without Walls – The Whale Sanctuary Project | Back to Nature

[131] Hoyt E. 2010. *Marine Protected Areas for Whales, Dolphins, and Porpoises.* 2nd Edition. Ruthledge.

[132] TravelMole, 18.4.2018. Virgin Holidays invests in dolphin rescue centre; http://www.travelmole.com/news_feature.php?news_id=2031964&c=setreg&region=2

[133] Wells R, Bassos-Hull K & Norris KS. 2006. Experimental return to the wild of two bottlenose dolphins. Marine Mammal Science 14(1): 51-71; DOI:10.1111/j.1748-7692.1998.tb00690.x

[134] Kim S. & Tatar B. 2018. Dolphin liberation in Korea; Is it beneficial for conservation? Coastal Management 46(3): 222-234; https://doi.org/10.1080/08920753.2018.1451726

[135] Remili A. 2021. Successful release in Korea: captive dolphins now have babies in the wild. Whale Scientists, 13.5.2021; Successful release in Korea: captive dolphins now have babies in the wild – Whale Scientists

[136] Kim H-J, Jin S-J & Yoo S-H. 2018. Public assessment of releasing a captive Indo-Paffic bottlenose dolphin into the wild in South Korea. Sustainability 10 (9), 3199; https://doi.org/10.3390/su10093199

[137] TravelMole, 18.4.2018. Virgin Holidays invests in dolphin rescue centre; http://www.travelmole.com/news_feature.php?news_id=2031964&c=setreg&region=2

[138] O'Barry R, Ric O'Barry's Dolphin Project. *Releasing Captive Dolphins. Protocol for rehabilitation and release of captive Atlantic bottlenose dolphins* (*Tursiops truncates*); Releasing Captive Dolphins | Dolphin Project

[139] Eurogroup for Animals, 22.4.2021; The rapid closing of dolphinariums poses a threat to dolphins | Eurogroup for Animals

[140] Howes L, Scarpaci C & Parsons ECM. 2012. Ineffectiveness of a marine sanctuary zone to protect burrunan dolphins (*Tursiops australis* sp.nov.) from commercial tourism in Port Phillip Bay, Australia. Journal of Ecotourism, 11(3): 188-201, 2012; https://doi.org/10.1080/14724049.2012.713362

[141] Brahic C. 2009. Why freeing Willy was the wrong thing to do. New Scientist, 28.4.2009; Why freeing Willy was the wrong thing to do | New Scientist

[142] Simon M, Hanson MB, Murrey L, Tougaard J & Ugarte F. 2009. From captivity to the wild and back: An attempt to release Keiko the killer whale. Marine Mammal Science, 25(3): 693–705; https://doi.org/10.1111/j.1748-7692.2009.00287.x

[143] Heino J. 2013. Näin kävi Free Willy -elokuvan tähtivalaalle. Iltalehti, 17.9.2013; Muistatko Keikon? Näin kävi vapautetulle Free Willy -elokuvan tähtivalaalle (iltalehti.fi)

[144] The European Association for Aquatic Mammals (EAAM); EAAM – European Association for Aquatic Mammals

[145] *Dolphin Tale 1* (elokuva, 108 minuuttia; 2011) & *Dolphin Tale 2* (elokuva, 103 minuuttia; 2014) [Delfiinitarina 1 & 2]. Ohjaus Charles Martin Smith.

[146] Clifton M. 2021. Winter, star of Dolphin's Tale, showed aquariums can thrive as rescue centers. Animals 24–7, 14.11.2021; Winter, star of Dolphin's Tale, showed aquariums can thrive as rescue centers - Animals 24-7

[147] Ocean Care, 22.4.2021. Scientists warn: European whales and dolphins "Under Pressure" of extinction; Scientists warn: European whales and dolphins "Under Pressure" of extinction (oceancare.org)

[148] Björksten T & Lindfors S. 2021. Suuttumus levisi maailmalla, kun färsaarelaiset teurastivat yli 1400 delfiiniä hetkessä – nyt 27-vuotias valaanpyytäjä kertoo Ylelle, mitä oikein tapahtui. YLE Uutiset 22.9.2021; Suuttumus levisi maailmalla, kun färsaarelaiset teurastivat yli 1400 delfiiniä hetkessä – nyt 27-vuotias valaanpyytäjä kertoo Ylelle, mitä oikein tapahtui

[149] Nevett J. 2021. Faroe Islands: Anger over killing of 1,400 dolphins in one day. BBC News, 15.9.2021; 9.2021; Faroe Islands: Anger over killing of 1,400 dolphins in one day - BBC News

[150] Reuters, 16.9.2021. Faroe Islands look into dolphin killings after record slaughter; Faroe Islands look into dolphin killings after record slaughter | Reuters

[151] MTV Uutiset, 25.1.2014. Japanin pääministeri puolusti delfiinien tappamista. Japanin pääministeri puolusti delfiinien tappamista - MTVuutiset.fi

[152] Palmer MJ. 2021. The dolphin slaughter in Taiji, Japan continues. International Marine Mammal Project, 18.3.2021; The Dolphin Slaughter in Taiji, Japan Continues - International Marine Mammal Project (eii.org)

[153] IUCN – SSC Cetacean Specialist Group. 2021. 2 updated Cetacean Red list assessments published in March 2021; 2 updated cetacean red list assessments published in March 2021 – IUCN – SSC Cetacean Specialist Group (iucn-csg.org)